"十四五"普通高等教育本科部委级规划教材

功能纺织品的结构设计

陈莹　闵胜男◎主编

U0286669

中国纺织出版社有限公司

内 容 提 要

本书根据功能纺织品的发展趋势和发展要求，从纤维、纱线和织物结构设计出发，阐述纺织品功能性（如保暖、吸湿排汗、抗冲击等）的设计要素和设计方法。书中首先介绍纤维、纱线和织物结构设计的原理和方法，然后重点介绍通过纺织品结构设计来实现纺织品抗冲击防护、保暖、防水透湿、吸湿排汗、医疗卫生及传感等功能的设计原理、设计方法及其最新研究的应用实例，最后进行功能纺织品发展趋势及其结构设计原理及方法的分析总结。

本书可作为纺织工程、纺织品设计、服装设计等专业的教材或参考书，也可供纺织企业产品设计人员参考。

图书在版编目（CIP）数据

功能纺织品的结构设计／陈莹，闫胜男主编 . -- 北京：中国纺织出版社有限公司，2024.1

"十四五"普通高等教育本科部委级规划教材

ISBN 978-7-5229-0893-9

Ⅰ . ①功… Ⅱ . ①陈… ②闫… Ⅲ . ①功能性纺织品—结构设计—高等学校—教材 Ⅳ . ①TS1

中国国家版本馆 CIP 数据核字（2023）第 213899 号

责任编辑：朱利锋　　特约编辑：陈彩虹　　责任校对：高　涵
责任印制：王艳丽

中国纺织出版社有限公司出版发行
地址：北京市朝阳区百子湾东里 A407 号楼　邮政编码：100124
销售电话：010—67004422　传真：010—87155801
http://www.c-textilep.com
中国纺织出版社天猫旗舰店
官方微博 http://weibo.com/2119887771
三河市宏盛印务有限公司印刷　各地新华书店经销
2024 年 1 月第 1 版第 1 次印刷
开本：787×1092　1/16　印张：11.5
字数：268 千字　定价：68.00 元

序

过去的几十年间，我们见证了纺织行业在纤维制造、纺织加工和产品应用等方面的巨大进步和飞速发展。纺织品作为一种材料在服装用和家居用方面不可或缺，与此同时，使用高性能纤维和功能性纤维制成的各类纺织品已经被成功地应用于工业、农业、医疗、交通、国防和航空航天等重要领域，并由于其独特优势发挥着越来越重要的作用。这些以特殊性能表现为目标设计和生产的纺织材料和纺织制品，被称为功能纺织品（functional textiles）。

根据全球市场观察（Global Market Insights）的预测，产业用纺织品行业未来的发展方兴未艾。2021 年产业用纺织材料的全球收入为 1694.7 亿美元，其中亚太地区的市场份额大于 35%。预计到 2028 年，产业用纺织材料的全球收入将会达到 2300 亿美元，从 2022 年到 2028 年，预计全球产业用纺织品市场的年平均增长率为 4.8%。开发个性化、高档化以及能够满足多种需求的功能纺织品成为行业高质量发展的主流趋势之一，未来具有广阔的市场。

功能纺织品是指除具有自身的基本使用价值，如柔软、保暖外，还具有抗菌、阻燃、防皱免烫、拒水拒油、防紫外线、防电磁辐射等功能中的一种或几种的纺织品。其中，能够感应内部状态或外界环境变化，并自动据此做出反应的智能纺织品近年来异军突起，如智能调温、形状记忆、智能变色等。它们大部分具备信息储存、感应与传导、信息识别与反馈等仿生特性。

功能纺织品和常规纺织品一样，其最终性能和功能都取决于纤维材料的选择、纺织纤维的加工方式以及纺织制成品的后处理。从纺织材料的设计角度来说，功能纺织品和常规纺织品的设计遵循共同的设计路线。本书明确解析了纺织品的设计原则，以功能要求为导向，从选择原材料、纤维、纱线、织物的加工过程和加工参数及纤维制品的改性整理等方面做了详细阐述，为纺织材料和制品的功能化设计提供了依据。

在纺织行业进入产品多元化的今天，作者适时编写《功能纺织品的结构设计》一书，将有助于纺织专业学生掌握现代纺织技术和纺织材料性能设计技能，也将为纺织工程技术人员提供有用的参考。

英国曼彻斯特大学材料系 陈晓钢

2023 年 12 月 21 日

前　言

传统纺织服装行业的边界已被打破，跨界融合成为业界的新常态，如信息化、智能化与纺织品的深度融合，成为传统纺织品发展的新方向。针对新常态，原有课程体系构建具有局限性，知识性内容比较陈旧、碎片化，不同专业的学生只注重本专业的学科理论基础和基本技能，忽视多专业交融的问题。而学生需要掌握高分子材料与工程、纺织工程、轻化工程、服装工程等相关的知识体系，才能更好地从事从功能和智能纤维到织物的相关工作，《功能纺织品的结构设计》一书就是在此背景下产生的。

本书基于纺织品风格与功能的定位要求，对纺织品构成基本元素（包括纤维、纱线、织物、色彩等）进行设计组合，阐述影响纺织品外观的要素，以及实现纺织品服用舒适性、物理防护、智能化、生物医用等功能化应用的结构设计思路与实现方法。

本书从纺织品结构设计概论入手，主要内容包括三方面：服用纺织品舒适性、产业用特种纺织品（包括医疗卫生、抗冲击防护及交通运输用纺织品）及智能电子纺织品的结构设计。其特色与创新之处在于针对目前发展所需的多功能化、智能化纺织品，介绍了织物组织结构设计的原理、方法，并附有设计实例。

本书贯通纺织材料科学及其风格功能实现，主要任务是使学生系统地获得纺织品设计的基本原理与创新方法，培养学生开发、设计新型纺织品以及优化产品功能的能力。为学生未来从事纺织服装设计与功能开发奠定必要的理论及方法论基础。

本书可作为纺织工程、纺织品设计、服装设计等专业的教材或参考书，也可供纺织企业产品设计人员参考。

本书由陈莹和闵胜男负责策划、撰写及统稿。初稿撰写人员分工：第1章由陈莹、闵胜男、张婧编写，第2章和第3章由闵胜男和陈晓钢编写，第4章由陈莹、张露编写，第5章由陈莹、贺佳佳编写，第6章由陈莹、尚可心、麦宸达、史佳音、卢晨曦编写。

本书参考和引用了大量文献资料，在此对文献资料的作者表示感谢。其中的主要文献资料已在参考文献中列出，如有遗漏，恳请谅解。特别感谢朱利锋编辑的认真工作和中国纺织出版社有限公司的大力支持。本书也是北京市属高等学校高水平教学创新团队建设支持计划项目（BPHR20220206），2022年校级研究生教育质量提升项目立项项目：《特种纺织品》精品课程建设，2021年北京高等教育"本科教学改革创新"项目《新工科背景下轻化工程专业艺工融合人才培养模式创新研究》的研究成果之一。本书由北京服装学院教材出版专项资助。

由于编者水平与经验所限，书中难免存在疏漏之处，欢迎专家及读者批评指正。

陈莹　闵胜男

2023年8月于北京

目　录

第1章　纺织品结构设计概述 ··· 1

　1.1　纺织品结构 ··· 1

　1.2　纺织品设计 ··· 2

　1.3　消防服设计案例分析 ··· 6

　1.4　纺织品设计的原则 ·· 14

　1.5　面向未来的纺织品设计 ·· 17

　思考题 ··· 18

　参考文献 ··· 18

第2章　冲击防护纺织品结构设计 ·· 21

　2.1　冲击防护原理 ·· 21

　2.2　抗冲击性能的表征 ·· 23

　2.3　个体冲击防护柔性纺织品的设计 ···································· 25

　2.4　个体冲击防护复合材料的设计 ······································ 33

　2.5　未来冲击防护纺织品设计展望 ······································ 35

　思考题 ··· 36

　参考文献 ··· 36

第3章　汽车用纺织品结构设计 ·· 37

　3.1　汽车用纺织品概况 ·· 37

　3.2　汽车内饰结构设计 ·· 38

　3.3　安全带结构设计 ·· 42

　3.4　安全气囊结构设计 ·· 43

　思考题 ··· 46

　参考文献 ··· 46

第4章　纺织品舒适性的结构设计 ·· 47

　4.1　纺织品的舒适性 ·· 48

　4.2　纺织品保暖性设计原理及方法 ······································ 49

　4.3　纺织品防水透湿设计原理及方法 ···································· 62

　4.4　纺织品吸湿排汗设计原理及方法 ···································· 69

4.5 总结与展望 ·· 76

思考题 ·· 77

参考文献 ·· 77

第5章 医用纺织品设计 ·· 79

5.1 医用纺织品分类及设计原理 ··· 79

5.2 医用纺织品设计实例分析 ·· 81

5.3 总结 ·· 123

思考题 ·· 123

参考文献 ·· 124

第6章 电子可穿戴智能纺织品设计 ·· 129

6.1 电子智能纺织品概念及发展阶段 ······································ 129

6.2 导电材料及导电纺织品的制备 ··· 132

6.3 电加热服装及柔性可变电阻器 ··· 142

6.4 纺织基传感器 ··· 145

6.5 织物开关 ··· 163

6.6 织物键盘 ··· 166

6.7 织物电极 ··· 166

6.8 总结 ·· 169

思考题 ·· 170

参考文献 ·· 170

第1章　纺织品结构设计概述

1.1　纺织品结构

结构是指物质单位之间堆砌、组合所形成的内在关系，包括堆砌单元数目、组合形式和平面空间关系等。纺织品是指纺织纤维及其所有制品，因此纺织品结构是从纤维结构开始逐渐叠加而形成的。纺织品集合成型过程如图1-1所示，纤维经过一次集合成型（纺纱）形成一维集合体纱线，纱线再经过二次集合成型（织造）形成二维形态的织物，包括针织物和机织物。也可直接将纺织短纤维或者长丝进行定向或随机排列，形成纤网结构，然后采用机械、热黏合或化学等方法进行加固，形成二维形态的非织造布。

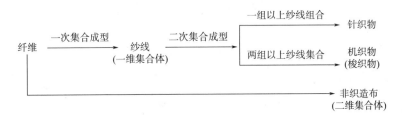

图1-1　纺织品集合成型过程

纺织品的结构对其性能有直接的影响，如机织物的力学性能和其内部结构有着直接联系。机织物是一种典型的多尺度结构材料，在细观尺度上，机织物可看作是经纱和纬纱相互交织而成的二维形态。在纱线层面上其尺寸变化范围为毫米级别；在织物层面上，其尺寸变化范围从10cm到数米不等，在这个尺度上织物可以被看作是连续材料，能产生较大剪切或弯曲变形。

纤维在堆砌过程中，可以是紧密堆砌也可以是松散堆砌，因此，在纺织品结构中不仅具有其本身存在的几何结构，还具有堆砌的松紧结构、孔隙结构以及堆砌所形成的表面结构。几何结构是纺织品形成的基础；松紧结构规定了纤维或纱线之间的相互接触关系，决定了纺织品的柔软性和孔隙分布；孔隙结构是从孔隙这一指标理解织物结构，对织物的通透性能有比较直接的解释；表面结构就是织物的外观，决定着织物的粗糙度、光泽、摩擦性能等。

因此，纺织品的设计参数包括纤维种类与外观形态、纱线种类与外观形态、纱线粗细、纱线排列密度、织物组织、织物紧度或覆盖系数等。在描述纺织品结构参数方面还有织物厚度、平方米克重、孔隙率、织物支持面等。这些结构参数从不同层面对织物结构进行了描述，但织物结构是复杂的、易变的、多样的，因此上述结构参数的组合也是丰富多彩的，从而可以满足纺织品多样性和特殊的功能要求。

1.2 纺织品设计

纺织品的设计是为某一种应用服务的，而具体应用就需要有特殊的性能要求，性能要求的实现就要通过纺织品结构来完成。因此，纺织品设计就是基于纺织品风格与功能的要求，对纺织品构成基本元素（包括纤维、纱线、织物、色彩等）进行设计组合。纺织品设计的实质是纤维应该怎样集合、怎样在纤维集合后满足纺织品所需功能要求。

如图1-2所示，纺织品设计包括原料设计、纱线设计、织物结构设计和染整工艺设计。原料设计包括纤维选择、纤维物理形态及化学结构设计；纱线设计包括纱线种类、混纺比、捻度、捻向、线密度、纤维或长丝间转移结构等的设计；织物结构设计包括织物组织、经纬密度等；染整工艺设计包括色彩、肌理等外观风格和功能设计。这四方面的设计最终形成了各种用途的纺织品。

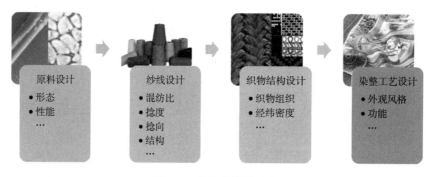

图1-2　纺织品设计内容

1.2.1 纤维原料设计

从自然界中获取的纺织纤维原料包括棉、麻、丝、毛等，各种纺织纤维原料在其外观形态和结构上都各不相同。棉纤维具有腰圆形的横截面，纵向有天然转曲；麻纤维具有不规则的横截面，且截面上多微孔；蚕丝具有三角形横截面，纵向光滑；羊毛纤维具有圆形横截面，纵向天然卷曲、有鳞片。不同的物理和化学结构决定了纺织纤维具有不同的性能，如吸湿透湿性、力学性能、抗菌性及热、电、光学性能等。棉纤维手感柔软、光泽柔和；麻纤维中非贯通多孔道结构使其具有良好的吸湿性、放湿性、透气性，其织物具有凉爽透气、悬垂挺阔的风格特点；蚕丝光泽好，手感滑爽；羊毛纤维弹性较好，这是因为它具有天然卷曲的结构，而天然卷曲形成的原因在于在鳞片层里面的皮质层具有正皮质和偏皮质两种组分。正皮质组分疏松，含硫量比偏皮质细胞少，对酶及其他化学试剂反应活泼，吸湿性较大。偏皮质组分致密，含有较多的硫键，使羊毛分子联结成稳定的交联结构，因此羊毛纤维对酸性染料有亲合力，对化学试剂的反应较差。正皮质、偏皮质分居于纤维的两侧，并在长度方向上不断变换位置，由于两种皮质层物理性质不同引起不平衡从而形成卷曲。偏皮质细胞位于卷曲弧的内侧，正皮质细胞位于卷曲弧的外侧，形成双侧结构。

对于合成纤维和再生纤维来说，在圆形截面纤维的基础上发展了很多异形截面纤维，又叫异形纤维。异形纤维的典型截面形态及其喷丝孔形状如图1-3所示。改变截面形态的目的是改善纤维性能。异形纤维具有特殊的光泽、蓬松性、耐污性，并具有抗起球性，也可改善纤维的回弹性和覆盖性能。

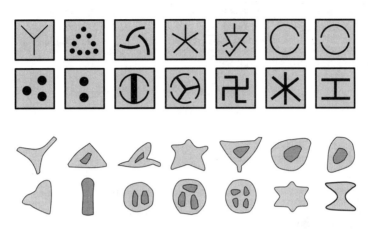

图1-3　异形纤维的典型截面形态及其喷丝孔形状

圆形纤维表面对光的反射强度与入射光的方向无关，异形纤维表面对光的反射强度却随着入射光方向的变化而变化，如三角形、三叶形、四叶形截面纤维反射光强度较强，通常具有钻石般的闪耀光泽，而多叶形截面纤维光泽相对比较柔和。同时异形纤维及其织物的透光性降低，因而织物上的污垢不易显露出来，从而提高了织物的耐污性。

三角形截面纤维织物具有比圆形截面纤维织物高得多的抗弯刚度和耐磨牢度，这表明纤维的适当异形化可以引起力学性能的变化，从而引起风格手感的改变，使异形纤维织物比同规格圆形截面纤维织物更硬挺。硬挺度也受纤维中空度的影响：在一定范围内，中空纤维的硬挺度随中空度的增大而增大。但中空度过大时，纤维壁会变薄，纤维也会变得容易挤瘪、压扁，而使硬挺度降低。纤维异形化后，由于纤维比表面积增大，丝束内纤维间的抱合力增大，纤维末端不易被抽出丝束，起毛起球现象减少。

异形纤维由于比表面积较大，上染速度加快，上染率提高。纤维异形化后反射光强度增大，从而使色泽的显色性降低，颜色深度变浅。对于异形纤维染色时，要想从外观上获得同样的深度，需要比圆形截面纤维增加10%~20%的染料，这就使染色成本增加。

异形纤维Coolmax®涤纶与普通涤纶的截面如图1-4所示，Coolmax®涤纶截面呈扁平"十"字形。纵向有四道沟槽，即四条排汗管道。这种扁平的四凹槽结构能使相邻纤维易于靠拢，形成许多毛细效应强烈的细小芯吸管道，具有能将汗水迅速排至织物表面的功能。同时，该纤维的比表面积比同细度的圆形截面纤维大19.8%，因而在汗水排至该纤维织物表面后，能快速蒸发到周围大气中去，因此Coolmax®涤纶的这种结构赋予了该纤维织物导湿快干的性能。

英威达®（Thermolite®）面料的工作原理如图1-5所示，从图中可以看出，英威达面料采用的是仿北极熊绒毛的中空纤维，每根纤维都含有更多空气，形成一道空气保护层，既可

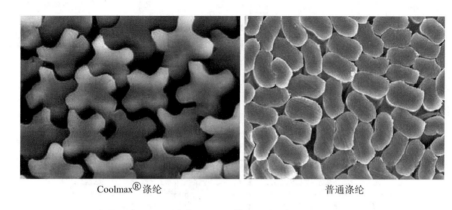

Coolmax® 涤纶   普通涤纶

图 1-4 异形纤维 Coolmax® 涤纶与普通涤纶的截面

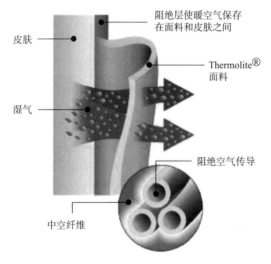

阻绝层使暖空气保存
在面料和皮肤之间

皮肤

Thermolite®
面料

湿气

阻绝空气传导

中空纤维

图 1-5 英威达（Thermolite®）面料工作原理

防止冷空气进入，又能排出湿气，因此具有更好的保暖性能。

除了纤维的外观形态以外，纤维的线密度对于织物的外观风格、厚度、强力等也有重要的影响。超细纤维（我国将线密度小于 0.5dtex 的纤维称为超细纤维）显著的特点是其单丝线密度远低于常规普通纤维，其中线密度最小能达到 $9×10^{-5}$ dtex。超细纤维的这一显著特点使其具有许多不同于普通纤维的性能，如手感柔软细腻且柔韧性好、抗皱性与耐磨性较好、蓬松性好且光泽柔和。所形成的织物往往具有高密度，高密度织物不作任何涂层处理也可用作防水织物。由于超细纤维较大的比表面积和良好的毛细芯吸效应，可较容易吸附污物，从而具有高清洁能力、高吸水或吸油能力；同时超细纤维间较多的静止空气也赋予织物良好的保暖性能。

1.2.2 纱线设计

在服装用织物中，三种基本纱线结构为短纤纱、长丝纱和变形丝。短纤纱的表面有毛羽，纱中心部分纤维的密集程度高；纱的线密度和外观直径不匀，加捻使纱线表面的纤维倾斜；纱线表面有纤维结、大肚纱、粗节、细节等疵点。因此短纤纱织造形成的织物具有绒毛状外观，有变化无规则的细粒状，有一定的粗糙度和柔软性，有良好的蓬松度和覆盖能力，光泽较弱。长丝纱中纤维的平行度好，纤维密集程度高，表观粗细均匀，表面光滑，因此长丝纱形成的织物透明度高，光滑、光泽强，但蓬松性、覆盖能力和柔软性较差，冷感性强。变形丝中的纤维或长丝呈高度的非平行排列，纤维密集程度低，表面有丝圈、丝辫等突出，表观粗细均匀。织物有高度的蓬松度和覆盖能力，手感柔软，因此织物中的粒状组织外观比短纤纱更明显、更均匀。另外，长丝纱织成的织物易贴在身上，如果织物的质地又比较紧密，则更会紧贴皮肤，透气性差；短纤维因有纤维的毛茸伸出织物表面，从而减少了与皮肤的接触，改善了透气性。

纱线加捻程度不同对织物外观和力学性能具有重要影响。根据纱线的加捻程度可以将纱线分为无捻纱、弱捻纱、常规捻度纱和强捻纱。通过加捻还可形成各种花式纱线，丰富了织物外观风格。无捻纱一般是指无捻长丝，该长丝光泽强、手感柔软，但易起毛起球，如缎纹组织织造的面料，也可用于对覆盖性要求高的功能织物。弱捻纱一般用于具有蓬松外观的织物，如手感柔软、蓬松、暖和的起绒织物，化纤仿毛织物，复色花线织物等。强捻纱一般用于夏季薄型织物，使细薄面料爽透、穿着舒适不贴身，如巴里纱、绉布、雪纺、乔其纱、双绉、顺纤绉等。强捻纱的扭矩作用可使织物表面形成明显的绉效应；强捻纱与无捻纱相间排列可使织物呈现凹凸浮雕效果。

纱线的捻向也会对织物外观和风格造成重要影响，如在平纹织物中，经纬纱捻向相同时，织物表面组织纹理较清晰，织物平坦、紧实，组织点不饱满。当经纬纱捻向不同时，交织点处的接触面上纤维倾斜方向趋于垂直，纤维间啮合较差，故织物松厚，手感较柔软，但强力较差。而经纬纱表面纤维的倾斜方向相同，故织物光泽较好。纱线表面的捻向要与斜纹织物的斜向相反，如右斜纹组织的经纱宜采用 S 捻，纬纱宜采用 Z 捻。在乔其纱中，纱线捻向排列顺序为 2S2Z。利用经纱或纬纱以不同捻向配置交织时，可获得隐条或隐格的织物外观。缎纹织物有经面缎纹与纬面缎纹两种，缎纹织物表面又有显斜纹与不显斜纹之分。如直贡要求显斜纹，贡子清晰。棉横贡、羽缎及一般丝织缎纹织物，则要求织物表面匀整，光泽好，不显斜纹。对于缎纹组织来说，当飞数大于 $R/2$（R 为组织完全循环纱线数）时，有左斜倾向；当飞数小于 $R/2$ 时，有右斜倾向。纬面缎纹织物一般纬密大于经密，织物正面由纬纱覆盖，这类织物表面是否呈现斜纹主要取决于纬纱的捻向与缎纹组织斜纹方向之间的关系。如果纬纱捻向与斜纹方向平行，织物表面不出现斜纹；反之，织物表面将会出现斜纹效应。

纱线的线密度对纺织品的外观、手感、质量及力学性能均有影响。纱线线密度在织物结构设计中具有一般原则，通常经纱线密度≥纬纱线密度；粗厚织物采用 31tex 以上的粗特纱，高档棉衬衫则需要采用 5~10tex 的特细特纱。在织物组织和紧密度相同的情况下，低线密度织物比高线密度织物的表面细腻而紧密。织物设计时，可根据织物的厚薄确定线密度。但是如果织物要求表面细腻，同时又比较厚重，则要选择线密度较低的纱线，织物的厚重感可以通过采用二重或多层组织来实现。

因此在织物设计时需注意纱线线密度的选择，以及纱线形态结构如短纤纱、长丝纱、变形纱以及其他复杂纱线的选择，捻度和捻向设计选择，还有混纺纱混纺比的设计选择。

1.2.3 织物结构设计

织物的成型工艺包括机织、针织、非织造和编织等。需根据功能需求选择合适的成型工艺，如四种成型工艺都可进行管状织物的设计和织造，但所织造的管状织物性能有所不同。在此基础上还需进一步细化织物组织结构设计，如机织物中采用平纹组织、斜纹组织还是缎纹组织，针织物中是用纬平组织、罗纹组织还是双反面组织等进行织造。如棉横贡缎纹织物宜选用 5 枚 3 飞的纬面缎纹组织，纱直贡宜选用 5 枚 3 飞的经面缎纹组织，线直贡宜选用 5

枚 2 飞的经面缎纹组织。

选择织物组织时，还应考虑纤维原料、纱线线密度、织物密度以及色纱排列等因素，以取得最佳的综合效果；织物组织可在基础组织的基础上进行加强、镶嵌、旋转、移植、置换等变换手段获得新颖组织；另外，还需充分考虑工厂的生产技术条件，例如织机类型、最大用综数和梭箱数等。

织物的经纬密度是重要的织物结构参数，直接关系到织物的使用性能、风格及成本。在计算织物密度时，可以根据所设计织物的风格或要求，选择比较恰当的经纬向紧度，再根据紧度与线密度及密度的关系，计算出织物的经纬密度，并经过试产，最后定出织物的经纬密度。纱类织物要求轻薄透孔，经纬密度设计要小些。绉类织物为了使经纬纱有收缩起绉的余地，经纬密度设计也得小些。

1.2.4 染整工艺设计

染整工艺包括染色、印花和功能整理。染色和印花赋予织物表面所需的色彩，功能整理则通过后整理的方法赋予织物柔软、光泽、亲疏水等功能性。

上文对纺织品设计的相关内容包括纤维、纱线、织物和染整工艺等做了相关介绍，并具体分析了纺织品结构特征对其性能的影响。下面以消防服为例，介绍根据功能需求的纺织品结构设计。

1.3 消防服设计案例分析

消防服是灭火救援中用于保护消防员躯干、头、手臂等部位的专用服装。目前，消防服主要由四层组成，如图 1-6 所示，分别为外层、防水透气层、隔热层和舒适层[1]。消防服标准在欧美等国的建立较早，如美国标准 NFPA 1971：2018 *Stangard on protective ensembles for strucral fire fighting and proximity fire fighting*，欧盟标准 BS EN 469：2020 *Protective clothing for firefighters—Performance requirements for protective clothing for firefighting activities*[2]。我国对消防服的研究起步较晚，随着对消防员的安全防护问题的不断重视和技术的提升，我国建立了消防员灭火防护服标准 GA 10—2014《消防员灭火防护服》。标准中对消防服的综合热防护性能包括阻燃性能、隔热性能等做出了明确的规定。在由消防服、人体皮肤和火灾环境构成的

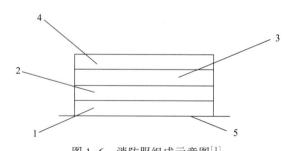

图 1-6 消防服组成示意图[1]

1—外层 2—防水透气层 3—隔热层 4—舒适层 5—受热面

体系中主要存在着热传导、热对流、热辐射和相变换热四种方式。因此，消防服的热防护安全性对最大程度地减少热量通过消防服传递到皮肤上具有重要的意义及影响。

1.3.1　消防服的热防护性能要求

消防服用织物综合热防护性能的主要评价指标为 TPP（thermal protctive performance）。TPP 法参考了 NFPA 2112—2007 模拟人体在真实火条件下织物引起人体二级烧伤的热能值。采用热防护性能测试仪，对构成消防服的材料下侧施加一定热量密度（80kW/m²，浮动幅度5%）的火焰[3]。通过热量计获得的热量透过速度对材料的隔热性能进行评价。此外，辐射防护性能（radiant protctive performance，RPP）、热蓄积测试（stored energy test，SET）和燃烧假人测试也是热防护性能评价的指标之一。RPP 法侧重于在热辐射条件下人体达到一定烧伤等级所需要的时间。SET 法可以弥补 RPP 法中低热辐射环境对织物热蓄积性能存在的不足，获得织物引起人体二级烧伤的最小暴露时间[4]。燃烧假人测试有利于对消防服整体热防护性能进行评价，消除由于结构或使用过程中存在空气层造成消防服性能与单一织物性能的测试差异[5]。例如，GA 10—2014 规定，由外层、防水透气层、隔热层和舒适层构成的消防服整体热防护性能 TPP 值不应小于 28.0，且无熔融、脆裂和收缩现象[6]。NFPA 1971：2018 则规定热防护性能 TPP 值应不小于 35.0，消防服组成要求也略有不同，是由外层、防水透气层、隔热层等组成的单层或多层复合材料[7]。

1.3.2　针对热防护性能的结构设计

消防服热防护性能的影响因素包括：织物结构、外层织物的层数、隔热层织物厚度、织物的物理性能、空气间隙等因素[8]。马珠达（Majumdar）等[9]制备了棉、再生竹纤维和棉竹混纺纱线（50/50），三种纱线线密度分别为 30tex、24tex、20tex。针对以上纱线所织造的纬平针织物、罗纹针织物和互锁针织物（图 1-7）研究发现，针织物的导热性通常随着竹纤维比例的降低而增加。相同的纤维混纺比例下，纬平针织物、罗纹针织物和互锁针织物的热阻逐渐提升，透气性逐渐下降。纱线的线密度相同或捻度系数相同的织物，热阻随水汽渗透而降低。

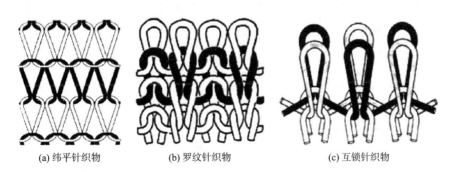

(a) 纬平针织物　　　　　　(b) 罗纹针织物　　　　　　(c) 互锁针织物

图 1-7　纬平针织物、罗纹针织物和互锁针织物结构示意图[9]

沈兰萍等[10]制备了一系列表层为阻燃涤纶，里层为纯棉的双层织物。其纱线线密度相同，但是经纬密度、克重和织物组织（1/1 平纹、2/2 斜纹、3/1 斜纹和五枚缎纹）规格不相同。相同密度下，不同组织的织物垂直燃烧测试结果差异不大。同一组织的织物燃烧时，炭层长度随密度增大而减小，且密度越大，阻燃性能越好。这是因为织物紧密，透气性小，氧气的可及性低，故燃烧困难。此外，同一组织的织物的防热时间随密度的增大而增大。王增喜等[11] 采用统一规格的阻燃涤纶纱为原料（线密度 36.9tex，捻度 398 捻/m）织造出如图 1-8 所示的 6 种织物组织结构和 7 种其他组织结构 [平纹、2/2 右斜纹、8 枚 3 飞纬面缎纹、8 枚 3 飞纬面加强缎纹、经纬循环数均为 8 的芦席斜纹、经纬循环数分别为 8 和 4 的纵凸条组织和经二重组织（表组织为 3/1 右斜纹，里组织为 1/3 右斜纹）]。试样的基本规格和阻燃性能测试结果见表 1-1 和表 1-2。在织物组织系数（C，描述织物松紧程度的参数）相同的情况下，紧度越大的组织结构其在垂直燃烧测试中的平均损毁长度越小。一定范围内，组织系数越小，经纬交织得越频繁，纤维间孔隙越小，织物透气性越差，织物的阻燃性能越好。郑振荣等[12] 研究了阻燃黏胶纤维织物的组织结构对阻燃性能的影响。纱线号数越大、线密度越高、织物克重越大，织物阻燃性能就越好。缎纹的黏胶纤维织物极限氧指数优于斜纹，平纹最差。为获得阻燃性能良好的黏胶纤维和涤纶非织造布，阻燃黏胶纤维的比例应高于 60%。

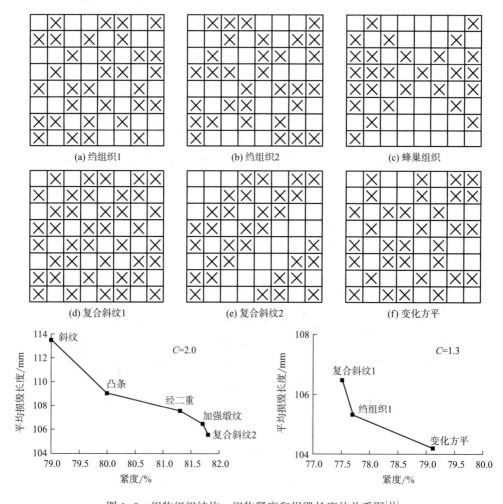

图 1-8　织物组织结构、织物紧度和损毁长度的关系图[11]

表 1-1 试样的基本规格

组织	经密/ （根/10cm）	纬密/ （根/10cm）	平方米克重/ （g/m²）	厚度/ mm	经向紧度/ %	纬向紧度/ %	总紧度/ %
平纹	234.5	187.5	167.3	0.40	55.6	44.4	75.3
斜纹	234.0	223.0	201.3	0.62	55.5	52.9	79.0
缎纹	229.5	238.0	178.3	0.96	54.4	56.4	80.1
芦席	235.5	252.5	214.0	0.63	55.8	59.8	82.3
蜂巢	242.0	240.0	189.0	1.37	57.4	56.9	81.6
凸条	238.0	228.5	185.2	0.73	56.4	54.2	80.0
经二重	239.0	240.0	188.1	0.98	56.7	56.9	81.3
变化方平	234.0	224.0	180.7	0.71	55.4	53.1	79.1
加强缎纹	232.5	250.5	190.8	0.83	55.1	59.4	81.8
绉组织 1	237.5	206.5	175.6	0.71	56.3	49.0	77.7
绉组织 2	234.0	234.5	184.6	0.89	55.4	55.6	80.2
复合斜纹 1	231.5	211.0	175.1	0.66	54.9	50.1	77.5
复合斜纹 2	234.0	248.5	198.5	0.60	55.5	58.9	81.8

表 1-2 阻燃性能测试结果[11]

织物组织	平均损毁长度/mm	续燃时间/s	阴燃时间/s	熔融滴落	燃烧特征
平纹	103.9	0	0	少许熔融	炭化
斜纹	113.5	0	0	少许熔融	炭化
缎纹	136.8	0	0	少许熔融	炭化
芦席	108.2	0	0	少许熔融	炭化
蜂巢	108.0	0	0	少许熔融	炭化
凸条	109.0	0	0	少许熔融	炭化
经二重	107.5	0	0	少许熔融	炭化
变化方平	114.2	0	0	少许熔融	炭化
加强缎纹	106.4	0	0	少许熔融	炭化
绉组织 1	115.3	0	0	少许熔融	炭化
绉组织 2	114.8	0	0	少许熔融	炭化
复合斜纹 1	116.5	0	0	少许熔融	炭化
复合斜纹 2	105.5	0	0	少许熔融	炭化

　　郑振荣等[13]对一系列不同组织结构的安芙赛织物（单层织物：8/3 缎纹，2/2 斜纹，平纹；双层织物：双层 3/1 斜纹，双层平纹，双层 5/2 缎纹，双层 2/2 斜纹）进行阻燃性能测试，结果表明，双层织物的阻燃性能优于单层织物，双层 3/1 斜纹织物的阻燃性能最好（31.9%）。安芙赛阻燃纤维织物密度、纱线线密度、捻度越大，织物阻燃性能越好。付立凡等[14]为开发消防服的外层材料，在聚酰亚胺成熟的纺纱工艺基础上，以 14.8tex 的聚酰亚

胺织物作为基础性能测试，开发了聚酰亚胺 29.6tex 平纹织物（A）、14.8tex×2 平纹织物（B）和 14.8tex×2 4/4 方平织物（C）。以上三种织物均未出现熔滴和滴落现象，满足灭火消防服的行业标准。与织物 A 相比，织物 B 在垂直燃烧测试中损毁长度在洗涤前后均短于 A。尽管两织物的线密度接近、紧度相似，但双股线毛羽少，纱线条干均匀度好，所以织物 B 的阻燃性能优于织物 A。具有方平组织的织物 C 厚度最大，且双股线毛羽少，阻燃性能最优。综合以上三种织物的力学性能、保暖性能和透湿性能，具有方平组织的织物 C 更适合作为消防服的外层材料。

外层织物的层数增加可减缓高温外层部分损伤并阻止了功能层受高温的损伤。此外，织物层数的增加也增加了织物外层空气附面层层数，从而提升热防护性能。隔热层织物厚度的增加提高了消防服导热性能和空气驻留的体积。空气导热性能差，可增强隔热层的热隔绝性能，降低导热系数，提升消防服的热防护性能。刘国熠等[15] 以厚度为 3.92mm、5.12mm 和 6.72mm 的非织造布作为隔热层，随着隔热层厚度的增加，消防服织物 TPP 时间分别为 33.75s、37.41s 和 52.85s，热防护性能得到了显著的提升。

除织物导热性能外，其表面反射率和比热容同样在消防服热防护性能上起到重要的作用。在低强度长时间热暴露的条件下，织物导热率和表面反射率起关键作用；相反，在高强度短时间热暴露的条件下，织物比热容则影响更大。比热容作为衡量织物蓄热的指标，其数值增大表明织物存储能量增加，降低了通过织物传向皮肤的热量，从而延缓了二级烧伤时间[16,17]。

服装与皮肤间的孔隙大小是消防服的合身度因素，合适的孔隙也会为消防员提供保护。贝尼塞克（Benisek）等[18] 研究了棉、芳纶、羊毛以及羊毛和玻璃纤维混纺织物在 138kW/m² 热暴露的条件下，服装与皮肤间的孔隙在 0~8mm 均表现出热防护时间随着空气气隙宽度增加而延长的特点。这是由于随着孔隙的增加，通过空气的热传递下降，直到达到临界状态空气气隙的宽度不足以实现自然对流。继续增大空气气隙量，可以实现自然对流。通过织物的空气气隙传递到皮肤的总热量受到热传导降低和热对流增加两方面影响，同时这种影响可能降低也可能增加。因此，二级烧伤时间随着服装与皮肤间的空气气隙的增大先增加后减小。消防服用织物高温收缩的特点降低服装与皮肤间的气隙量高达 50%~90%[19]。高温收缩使织物厚度先增加（由于织物的收缩）后降低（织物的高温分解）。燃烧假人测试结果表明，热暴露时间、人体姿势和服装尺寸都会对服装热收缩带来影响[20,21]。

纺织品的阻燃后整理是指在后加工处理过程中，通过物理或化学方法（如喷涂、浸轧、涂层等）对织物表面处理使织物获得阻燃性能的方法。纺织品的阻燃后整理工艺简单、成本低、适用面广。浸轧焙烘法是一种传统的阻燃后整理方法，包括浸轧、预烘、烘焙和后整理几个步骤。将阻燃剂配置成阻燃整理液，将织物浸泡在阻燃整理液中一定时间后，用轧车除去多余的整理液。经过烘干和后处理实现纺织品阻燃后整理。涂布法是常使用具有黏合性的树脂与阻燃剂混合并涂覆在织物表面，通过干燥固化形成阻燃效果的涂层。溶胶凝胶法阻燃后整理是由下至上的一种合成方法，采用金属醇盐、无机化合物等作为前驱体，通过水解缩合等化学反应在织物表面形成阻燃涂层，从而阻隔氧气和热量进入纺织品内部实现其阻燃性能。层层自组装阻燃后整理，利用分子间弱相互作用（如静电力、氢键、配位作用等），使带有相反电荷的电解质逐层交替的方式沉积在纺织品表面，构筑多层微纳米结构的阻燃涂层[22]。

1.3.3　针对消防服热湿舒适性能的结构设计

由多层结构组合而成的消防服具有封闭的结构，透气、透湿性能差，易造成消防员体温升高引发应激反应。因此，对消防服的热湿舒适性能的评价与表征，减少消防服对人体生理上的不适，保障消防人员生命安全。防水透气层能同时阻止水向内部隔热层渗透并排除内层形成的水蒸气，是实现热湿舒适性的关键。GA 10—2014 以耐静水压参数对防水透气层进行评价，要求耐静水压参数 $\geqslant 50\mathrm{kPa}$。GA 10—2014 仅对防水透气层的透湿率提出高于 $5000\mathrm{g}/(\mathrm{m}^2 \cdot 24\mathrm{h})$ 的参数指标。相较于国家标准 NFPA—1971 提出了总热损失量不低于 $205\mathrm{W}/\mathrm{m}^2$；EN 469—2020 进一步明确了不同湿阻的等级（一级，湿阻在 $30 \sim 45\mathrm{m}^2 \cdot \mathrm{Pa}/\mathrm{W}$；二级，湿阻小于 $30\mathrm{m}^2 \cdot \mathrm{Pa}/\mathrm{W}$）。

采用出汗热平板测试仪对其热阻、湿阻和总热损失量测试可知：相同厚度条件下，外层材料面密度大则热阻和湿阻大；非织造布结构的隔热材料热阻和湿阻也较大。空气层的位置对热阻和湿阻影响较小，但空气层厚度增加，多层织物的热阻和湿阻增加[23]。刘林玉等[24]对多层织物组合影响消防服的主要影响因素进行分析，也得到了相似的结论。其研究方法是将包含外层（A）、防水透气层（B）和隔热层（C）的 11 种常见面料，利用外层和防水透气层为因子混合水平正交表设计 8 种组合作为多层织物组合的试样，得出结论为单层织物的厚度与热阻呈正相关；织物系统的面密度越大，热阻和湿阻越高，总热损失量越低，热湿舒适性能越差。

此外，纱线的性能也对织物热湿舒适性有一定影响。纱线越细、捻系数增加，热阻降低，水汽渗透升高；纱线捻度增加，热吸收率和水汽渗透升高[25]。斜纹织物比平纹织物耐热性和透气性高，因此选择高密度斜纹织物能为消防服提供更好的防护性能[12]。

1.3.4　消防服用纺织新材料及其结构设计发展趋势
1.3.4.1　消防服用高性能材料

随着人们对消防服装产品性能要求和标准日益提升，消防服用面料由单一功能、单层结构向多功能、多层结构转变，服装材料也向高性能、多功能纤维等多类型材料转变，并要根据不同消防服不同层性能需求选用不同的材料。

外层面料可选用芳纶、芳香族杂环纤维等低收缩性阻燃的高性能纤维。芳纶即芳香族聚酰胺纤维，具有高强度、高模量、耐高温、质轻、燃烧无熔滴、尺寸稳定性好等良好性能，是消防服理想的外层材料。芳纶与其他低收缩性纤维的混纺织物也是消防服常用的外层材料。间位芳纶（聚间苯二甲酰间苯二胺纤维，芳纶 1313）如杜邦公司的诺梅克斯（Nomex）纤维具有阻燃或不燃、耐高温、防穿刺性能；对位芳纶（聚对苯二甲酰对苯二胺纤维，芳纶 1414）如杜邦公司的凯英拉（Kelvar）纤维，阻燃性能优于间位芳纶。芳香族杂环纤维包括聚对亚苯基苯并双噁唑（PBO）纤维和聚苯并咪唑（PBI）纤维也具有满足消防服优异高强度、高模量、耐热难燃的特性，其可承受 850℃ 高温[26]。

防水透气层一般采用阻燃非织造布、阻燃聚四氟乙烯（PTFE）及其复合材料构成。将PTFE膜复合到耐高温的阻燃非织造布上，如上述提到的芳纶、芳砜纶、聚酰亚胺等材料，以满足防水透气层热稳定性的要求。GA 10—2014 指出防水透气层在（260±5）℃时热稳定性能试验后，经向、纬向尺寸变化率不应大于 10%，试样表面无明显变化。

隔热层是各层材料中热防护系数要求最大的面料。与传统的机织物、针织物组织结构中存在纱线弯曲状态不同，非织造布没有屈曲结构，减少了对热防护性能的影响，同时改善了针织物纤维含量低及模量低的弊端。因此，隔热层多使用耐高温阻燃纤维经针刺工艺制成的针刺毡，常见的有芳纶针刺毡。蔡普宁等[27] 采用了针刺毡、缝编复合毡及其组合织物为研究对象，研究表明，在面密度相同的条件下，芳纶 1414 针刺毡的热防护性能优于芳纶 1313 针刺毡，并具备优异的力学性能，是制备热隔绝层的优良材料。由针刺毡、纬向间隔纱及绑缚纱线组成的芳纶 1414 缝编复合毡热防护性能优于芳纶 1414 针刺毡。这是由于缝编复合毡表面含有一定的间隔排列的纬向纱线，其间的空气对下层基毡起到了保护作用。此外，消防服与人体间的微气候，可以阻止使其在皮肤表面的积累，提供隔热效果并增加穿着舒适性。此外，导热率低、受热可炭化的玻璃纤维、石英纤维及碳纤维也具有较好的热隔绝作用，也可应用于热防护材料。

近年来，新型材料如气凝胶纤维、玄武岩纤维、预氧丝纤维、芳纶等因其较好的隔热性能也被许多学者关注。金艳苹等[28] 分别选用斜纹芳纶 1313 和 Nomex® ⅢA 作为外层织物，水刺非织造布覆膜结构的 PTFE 和芳纶基布作为防水透气层，不同厚度和面密度针刺非织造布结构的新型材料（气凝胶纤维、玄武岩纤维、预氧丝纤维和芳纶 1414）作为隔热层，平纹阻燃棉织物作为舒适层，制作消防服面料，对其热防护性能和热湿舒适性进行探究。研究表明，隔热层面密度越大，厚度越大，多层组合织物的 TPP 值越高，组合织物的热防护性能越优良。新型材料表现出优异的隔热性能。由于预氧丝纤维毡自身优异的热防护性能及其厚度大，其多层组合织物的 TPP 值明显大于其他隔热毡。排除不同材料厚度的影响，热防护性能优良的排列顺序依次为预氧丝纤维毡>气凝胶纤维毡>玄武岩纤维毡>芳纶 1414 毡。织物的热湿舒适性测试结果显示，不同隔热层下消防服用多层织物总热量散失排序为：芳纶 1414 毡>预氧丝纤维毡>气凝胶纤维毡>玄武岩纤维毡。相比于传统织物，新型隔热层织物的热湿舒适性较差，其中预氧丝纤维毡性能最好。

舒适层由耐热、阻燃且透气透湿的舒适性材料组成，常见的材料是由阻燃棉纤维、芳纶和阻燃黏胶纤维混纺制成的机织物。黏胶纤维具有与棉纤维类似的物理性质，如吸湿性好、易染色、抗静电、易于加工等；阻燃黏胶纤维可通过阻燃剂共混法、浸涂法等生产。

陕西元丰纺织技术研究有限公司通过本质抗菌的方法开发了抗菌的舒适层面料，兼具舒适、阻燃和抗菌功能。消防服各层常用织物/纤维及其特性与应用见表 1-3。

表 1-3　消防服各层常用织物/纤维及其特性与应用

各层名称	常用织物/纤维	特性与应用
外层	Nomex 纤维	强力较高，热稳定性较好，燃烧生成物的毒性极低
	Kermel 纤维	抗磨损能力强，能长时间承受 250℃高温
	Kanox 纤维	550℃时自然分解，能阻挡多数化学物质
	芳纶 1313、芳纶 1414	不燃，模量高，强度高，能阻隔某些有毒气体透入

各层名称	常用织物/纤维	特性与应用
防水透气层	E-PTFE 纤维织物 "可呼吸多功能织物"	绝佳的防水、透湿、防风性能，透湿量>10000g/（m²·24h）不燃（-200～260℃），耐水压>100000Pa
隔热层	太空棉、羊毛纤维	隔热、保温，常用作内层材料
舒适层	黏胶纤维、阻燃棉纤维	柔软、舒适，常用作内层材料

刘沙等[29] 选取了传统针刺非织造布［诺梅克斯（Nomex）和凯英拉（Kevlar）质量比为80∶20］和不同面密度和厚度的复合 SiO_2 气凝胶的针刺非织造布（AG-T-Nomex）作为隔热层，采用热平板法研究了面料的热防护性能及其形貌变化。结果表明，气凝胶的加入显著提升了面料的热防护性能，组合面料舒适层上表面温度降低。接触较低温度的热平面时（200℃），2mm 厚的 AG-T-Nomex 隔热层温度最低（下降20℃），热防护性能最好，皮肤达到二级烧伤时间延迟89.9s。接触较高温度的热平面时（300℃），2mm 厚的 AG-T-Nomex 隔热层收缩，不适合作为消防服使用。

材料和结构的优化设计对提升消防服的热防护性能有重要影响。表1-4列出了高热防护型消防服各层面料及其平方米克重，分别采用芳纶双层外层（240g/m²），芳纶非织造布加厚的防水透气层和双丝锦的舒适层，优化隔热层得到的消防服 TPP 值可以达到40cal/cm²。消防服的各层均采用聚酰亚胺非织造布材料和双层隔热层的设计，消防服 TPP 值达到35cal/cm²。消防服的防水透气层采用三维芳纶凹凸结构的非织造布，消防服 TPP 值达到44cal/cm²[30]。

表1-4 高热防护型消防服各层面料及其平方米克重[30]

项目	双层外层	聚酰亚胺非织造布	凹凸非织造布
外层	芳纶双层外层（240g/m²）	单层聚酰亚胺外层（200g/m²）	单层涂层外层（220g/m²）
防水透气层	加厚防水透气层（180g/m²）	聚酰亚胺防水透气层（108g/m²）	凹凸防水透气层（118g/m²）
隔热层	无	聚酰亚胺双隔热层［（70+70）g/m²］	双凹凸隔热层［（80+80）g/m²］
舒适层	双丝锦（140g/m²）	聚酰亚胺舒适层（120g/m²）	舒适层（120g/m²）
TPP 值	40cal/cm²	35cal/cm²	44cal/cm²

1.3.4.2 消防服的轻质化和舒适化

消防员面对复杂的火场环境，携带着整套灭火防护服及救援装备，大大增加了火灾救援的负担。因此，在原有防护性能维持的情况下，实现消防服的轻质化，提升其舒服性（透气、透湿、亲肤舒适性）和散发热量的效果，可以大幅度增加消防员火灾作业的灵活性，提高工作效率。目前，标准中要求消防服质量不超过3500g，普通四层消防服可以达到2800g。在保证热防护性能的基础上，通过调整消防服材料和纺织品结构开发轻质化的消防服具有重要意义。例如，将消防服外层织物由180～220g/m² 单层织物替换为280g/m² 苯环形结构织物和对位芳纶为底纱的双层织物，省去消防服隔热层，在有效提升其热防护性能的同时也减少了隔热层的质量。然而，整体减重的效果一般，消防服总质量仍在2637g 左右。为进一步降低装备的总质量，将舒适层的机织布改成隆起波浪结构后装备总质量可降低至 2460g[30]。

1.4　纺织品设计的原则

纺织品设计的基本原则包括仿制设计、改进设计和创新设计[31]。

1.4.1　仿制设计

一般按客户提出的要求，对织物来样进行咨询分析和研究，根据织物分析结果拟定织物设计规格，制定合理的工艺，生产出与来样外观特征和内在质量基本相同的织物。仿制设计的步骤如下。

（1）按照织物的身骨要求，确定原料成分；

（2）按照订货要求，确定织物的面密度和成品幅宽；

（3）根据织物的面密度和紧度确定纱线排列密度；

（4）按照织物的花型及身骨要求，确定纱线捻向、捻度、织物组织、色纱排列及根数；

（5）先锋试样试织作为正式生产依据，并与来样对比分析；

（6）仿制成功后放大样正式投产。

1.4.2　改进设计

改进设计是根据用户对某一织物的改进要求，从分析消费者意见入手，对织物经纬密度、纱线线密度、纱线捻度、纱线捻向、原料的选择和搭配、织物组织、花纹图案等的某一方面或几方面进行改进。它是改进产品内在质量和外观效果的重要途径。

1.4.2.1　主要内容

（1）原料的选择及搭配。原料关系着产品的性能及成本，随着新原料的层出不穷，性能变化各异，在原织物的基础上对纤维类别进行调整，增加新原料或改变原料的混纺比，可以达到发挥各种纤维的优势、提高纺纱性能、提高产品外观效果和内在质量、增加花色品种、降低成本等目的，从而改进产品的性能。如在毛织物中加入化学纤维，可以起到降低成本的作用。

（2）经纬纱线种类、线密度、捻度、捻向的配合。改进纱线线密度、捻度、捻向的配合，可以改进织物的手感及外观质量。

如果织物的强度不足，可以采用增加纱线线密度的方法来解决。要想使织物悬垂性好、手感柔软一些，可采用较细的纱线，但同时应适当增加经纬密度。若织物的耐平磨性差，可以增加纱线线密度；若织物耐曲磨性差，则要降低纱线线密度。

纱线捻度及捻向对织物的风格及性能也起着举足轻重的作用。如夏令服装面料一般紧度较小，容易发软，没有身骨，如果出现这种情况，就要适当增加纱线捻度。如果是股线，要用相同捻向的捻线，经纬纱线采用同捻向配置，使交织处纱线互相啮合，织物就显得薄、挺、爽。

此外，纱线结构变化多种多样，在改进设计中，可采用花式纱线与传统纱线相结合；金属丝与天然纤维相结合；粗细纱间隔；单纱、股线相配合；应用强捻纱、包芯纱、包覆纱等赋予织物特殊风格；当采用细特纱织造时，适当增加纱线捻系数，可以提高织物的强力，使手感挺爽，用于设计轻薄面料和仿麻面料；利用强捻纱产生的回缩力，使织物表面产生绉效应，设计出不同的起绉风格面料。

（3）织物经纬密度的改进。经纬密度会影响到织物外观、强度、耐磨性、抗皱性、悬垂性及手感等，因此织物经纬密度设计是织物结构设计中重要的方面。织物的经纬密度配合会影响织物的风格和力学性能。通过相似织物设计方法，可以重新计算织物的密度。

经纬密度的改变会影响织物的各项力学性能。当纬密不变，经密增加时，可以使织物经向强力及纬向强力增强；当经密不变，纬密增加时，则经向强力下降，纬向强力增加；当一个方向密度增加时，这个系统的相应纱线屈曲波高也增加，在织物表面该系统纱线更为显露，当受到外界摩擦时，这个系统纱线就更有机会受到磨损，而另一系统的纱线则会受到保护。当织物紧度较大时，一般织物手感较硬，悬垂性差，但可以通过改变经纬密度比来改变悬垂性。毛织物设计中的相似织物设计属于此类改进设计。

（4）组织及花纹图案配色的改进。有时为了提高织物某一方面的性能，需要改变织物的组织设计。修改花型图案的构图、配色，改变组织织纹，改变配色模纹图案等可以改善和增加产品的艺术性，符合流行趋势的要求。

新织物与原织物原料、纱线密度相同，手感、身骨与原织物相似，仅改变织物组织，可利用织物的几何结构来估算出新织物的密度。当织物紧度较小时，可通过降低纱线浮长来改善织物的耐用性；当织物紧度较大时，可通过增加纱线的浮长来改善织物的耐磨性。在配色模纹中，也可以进行一些组织改变，但花纹图案并不发生改变。

（5）产品的系列化开发。进行产品的系列化开发，实现产品单位面积质量、规格、原料等的配套设计。

1.4.2.2　基本步骤

（1）产品调研。可以依据市场信息，针对现有产品的不足进行改进设计；或根据客户样品的要求进行改进设计；或根据现有某一产品进行系列化配套设计；或根据市场流行趋势预测，对现有产品的某一设计要素进行变化，改善外观、风格及性能。在改进设计之前，应进行市场调研，了解产品流行趋势，做到有的放矢。

（2）依据类似现有产品档案进行规格及工艺参数设计。

（3）小样试织。分析小样数据并调整参数。

（4）大样生产。

1.4.3　创新设计

具有新的原理、构思和设计，新的材料或元件，新的性能特点，新的功能，具有以上某项或多项特征的产品就称为新产品。新产品的含义十分广泛，而且是一个相对概念。一方面，新产品与老产品相比较，其原理、性能、用途、结构、材质、技术特征等有显著提高和改进，且具有独创性、先进性、实用性和明显的经济效益及推广价值。另一方面，凡是产品整体中某一部分有创新和改进的也属于新产品的范畴。此外，我国还规定，在某一省、自治区、直辖市范围内第一次试制成功的产品，经鉴定确认的也算作新产品。

对新产品的设计工作就是创新设计。没有任何小样依据和技术规定，自创一种新产品，即为创新设计。为满足广大消费者的需求，常需要采用新原料、新工艺、新技术、新设备等设计生产织物，凡所设计的产品与其中的一项相符合，就可视为新产品。

1.4.3.1 原材料方面

（1）合理使用普通合成纤维和天然纤维。不同的纤维各有其优缺点，设计时要充分发挥各纤维的特点。如将天然纤维和合成纤维以不同品种、不同比例混纺、交织，以使两类纤维取长补短，相得益彰。

（2）精工细作普通纤维材料。毛纺产品粗毛细作、细毛精作的思路可使产品档次和附加值提高。低线密度产品、单纱产品、精经粗纬产品、粗经精纬产品、薄型产品既可减少原材料的消耗，又可提高产品档次。

（3）改性处理普通材料。对羊毛的毡缩、虫蛀、变形，涤纶的难染、静电、不吸湿、不透气，麻类的粗糙、刺痒，棉的易皱等，经过一定的改性加工，可弥补其不足。其中，羊毛的脱鳞片处理，可大大改善其毡缩性，增加其吸湿性和放湿性，并使纤维变细、手感柔软。若将细羊毛进行脱鳞片处理，可使其接近山羊绒的细度，可部分代替羊绒，使产品身价倍增。涤纶的碱减量、涤纶与锦纶的接枝改性，均可使其缺点得以纠正。

（4）开发新合纤和仿真纤维。如仿纱型涤纶、黏合丝（也称仿麻丝）、仿真丝涤纶、腈纶新品种等。这些原材料可以开发出仿毛织物、仿麻织物、仿真丝织物等多个品种，其性能优良，不少品种综合性能超过天然纤维织物。

（5）开发特殊功能材料。高性能纤维及特殊功能纤维可被开发用于化工、医疗、海洋及生物等领域。如医疗领域使用的抗菌、理疗、止血、人体可吸收纤维及其制品。

1.4.3.2 工艺技术方面

（1）采用特殊的纱线、长丝。改变纱线和长丝的性能、结构、材料、花色、风格及功能，可设计出各种各样的新型织物。如采用变形丝和花式纱线可织造出各种风格和功能的纺织品。

（2）改变织物的组织结构、紧度、厚度和密度等参数，可织造出各种不同风格的纺织品，如超薄、超密、三维多层、立体、异形等纺织品。

（3）染整技术。纺织品的风格、一般功能和特殊功能，都可以采用染整技术实现。染色、印花除了可使纺织品获得各种不同的花纹和色彩外，还可使纺织品具有闪光、变色的功能；使纺织品具有夜光、荧光及金属般的光泽，使纺织品产生丝光、闪光、皱缩、绒毛、凹凸的表面效果。纺织品风格既可以变得滑糯、柔软、挺括、悬垂，也可以变得硬挺、坚实、厚重。在功能方面可以赋予纺织品防污、防水、吸湿、防风、防缩、防虫蛀、防蚊虫、防霉、抗菌、抗起毛起球、防辐射、防化学侵蚀、防臭、隐形、过滤、吸尘等许多特殊功能。这些风格和功能的改变都可产生独具特色和功能的新型产品。

1.4.3.3 创新设计方法的一般设计步骤

（1）市场调研。在设计新产品之前必须要对产品进行市场调研，认真分析纺织品的流行趋势，对设计的产品系列要有明确的认识。

（2）确定产品流行趋势。在市场调研的基础上对流行趋势进行分析，确定产品开发方向。

（3）产品设计定位。根据产品的用途、使用对象、市场需求、企业生产条件等具体要求进行产品定位设计。同时，根据工厂的设备条件、机械性能、工艺条件、操作情况等进行设计。在成本上，投产前要预算价格，确保经济合理。当采用新型纤维材料时，应首先研究原料的性能，构思用途及使用对象，再确定花纹图案及配色，设计织物规格参数，进行小样试织；当采用新型纺纱技术纺制的纱线时，则应首先研究纱线的结构与性能，构思使用对象和用途，确定织物设计的总体方案，合理使用这种纱线，开发出理想的产品；当织物的外观体现新的花纹图案或独特的外观效果时，首先要研究此种花纹图案适用的对象与织物用途，特殊外观产生的原因，再进行织物规格参数设计。

（4）产品规格参数设计。明确设计方向后，要确定织物的性能与风格，对织物设计进行总体构思，确定产品开发计划书，设计产品规格参数。

（5）染整设计。根据产品风格及性能要求确定后整理工艺，如柔软、起绒、防缩免烫等。

（6）确定生产工艺流程，进行样品设计试织。包括小样试织和先锋试样试织，对产品工艺生产进行数据和质量跟踪。

（7）对新产品生产及成品质量进行评估。分析试织中出现的问题、执行工艺情况、生产技术合理性及采取的改进措施等，提出改进意见。

（8）大样生产。

1.5　面向未来的纺织品设计

云计算、物联网、大数据、智能化等已成为一种公共的技术，它们正以史无前例的速度和规模影响着传统纺织服装行业的生存和发展。传统行业的边界被打破，跨界融合成为业界的新常态，如信息化、智能化与纺织品的深度整合，成为传统纺织品的发展新方向。

功能性纤维除了具有常规纤维的柔软、保暖等特性外，还要有一些常规纤维没有的性能。所谓功能性，是指产品除具有本身的使用价值外，还为使用者提供了比普通产品更多的功效。功能性纺织品是指纺织品除具有自身的基本使用价值外还具有抗菌、除螨、防霉、抗病毒、防蚊虫、防蛀、阻燃、抗皱免烫、拒水拒油、防紫外线、防电磁辐射、香味、磁疗、红外线理疗、负离子保健等林林总总的功效中的一种或几种。开发个性化、高档以及能够满足多种需求的功能性纺织品成为行业高质量发展的主流趋势之一，功能性纤维及功能性整理技术作为实现纺织品多样化功能的创新路径，也逐渐成为业界人士关注的焦点。智能纤维和智能纺织品在保持纺织品原有风格和性能的情况下，能够感应内部状态或外界环境变化，并自动根据变化做出反应，如智能调温、形状记忆、智能变色等。它们大部分具备信息累积、感应与传导、信息识别与反馈等智能功能和响应功能、自我诊断修复与自我调节能力等仿生特性，未来具有广阔的市场。

智能纺织品可以称为未来纺织品。目前我国在未来纤维及纺织品的研发上还处于起步阶段，需要在结构和性能方面进行改进。

（1）透气性和柔软性。若作为可穿戴设备，材料服用舒适度和灵活性需大大提高；

（2）安全性。目前部分传统材料对人体具有一定的毒性或是在使用后对环境造成污染；

（3）耐久性和稳定性。部分产品使用寿命短、功能消退快，无法稳定地进行多次循环使用；

（4）多功能化。目前智能纺织品的功能较为简单，可尝试将几种智能材料的功能进行复合，制备高级型多功能智能纺织品。

综上所述，未来纺织品的设计是为了满足人们日益增长的精神文明和物质生活追求以及更大活动范围的各类功能和智能纺织品。未来纺织品应该具有好的适应气候条件的能力，如能适应南北极、太空、月球环境；应具有好的防护能力，包括机械外力和有害细菌、病毒等；应具有视觉美观性，如色彩、光泽、抗起毛起球性、抗皱免烫性、抗弯曲和悬垂性等；应具有更广阔的应用空间，如交通用纺织品、医用纺织品、农业用纺织品、建筑用纺织品等。不同的应用目的要求纺织品具有相应的性能，同样的性能可能在不同的应用领域具有更高的指标要求，如对装饰性织物应重点体现视觉美观性，运动服面料则对吸湿排汗性能有更高的要求，医疗卫生用纺织品在生物稳定性、可降解性和生物相容性方面则有更高的要求。

未来纺织品的功能性和智能性实现，则需要从结构设计的角度出发，以纤维为起点，以纱线和织物结构为载体，充分利用纺织品的多级和多维结构，实现功能要求。在本书中将重点关注舒适服用、物理防护、交通用、医疗卫生用及电子智能化纺织品的功能化设计原理与方法。

思考题

1. 纺织品的结构参数有哪些？
2. 纺织品设计包括哪些方面的内容？
3. 如何通过结构设计实现消防服热防护性能的要求？
4. 如何理解纺织品的结构和性能的关系？
5. 说一说你理想中的未来纺织品。

参考文献

[1] 夏建军，张宪忠，王健强. 灭火防护服热防护性能的研究 [C] //中国消防协会. 2017中国消防协会科学技术年会论文集. 北京：中国科学技术出版社，2017，4：35-38.

[2] 赵雷，林娜，李丽，等. 消防员灭火防护服的研发现状及发展趋势 [J]. 棉纺织技术，2020，48（4）：6-9.

[3] 毕月姣，郑振荣，王佳为. 消防服研究进展与概述 [J]. 天津纺织科技，2021（1）：60-64.

[4] 李莎莎，李俊. 消防服性能测评技术及其综合评价原则 [J]. 服装学报，2017，2（3）：212-217.

[5] Gasperin Matej, Juricić Dani. The uncertainty in burn prediction as a result of variable skin parameters: an ex-

perimental evaluation of burn-protective outfits [J]. Burns, 2009, 35 (7)：970-982.

[6] 中华人民共和国公安部. GA 10—2014 消防员灭火防护服 [S]. 北京：中国标准出版社，2014.

[7] NFPA 1971：2018 Stangard on Protective Ensembles for Strucral Fire Fighting and Proximity Fire Fighting [S]. 2018.

[8] 周琦. 消防服的研究进展浅析 [J]. 国际纺织导报，2021，49 (5)：37-40，44.

[9] Majumdar Abhijit, Mukhopadhyay Samrat, Yadav Ravindra. Thermal properties of knitted fabrics made from cotton and regenerated bamboo cellulosic fibres [J]. International Journal of Thermal Sciences, 2010, 49 (10)：2042-2048.

[10] 沈兰萍，潘海蓉. 阻燃织物的组织、密度对其功能性的影响 [J]. 天津纺织工学院学报，2000，19 (4)：64-66.

[11] 王增喜，李焰，谭佩清. 不同组织结构阻燃织物性能研究 [J]. 棉纺织技术，2013，41 (7)：12-15.

[12] 郑振荣，杨文芳，顾振亚. 阻燃黏胶织物的组织结构对其阻燃性能的影响 [J]. 人造纤维，2007，37 (2)：2-5，34.

[13] 郑振荣，顾振亚，杨文芳，等. 织物结构对安芙赛纺织品阻燃性能的影响 [J]. 纺织学报，2009，30 (2)：56-60.

[14] 付立凡，谢春萍，刘新金，等. 聚酰亚胺消防服外层织物的性能测试 [J]. 棉纺织技术，2019，47 (7)：35-38.

[15] 刘国熠，李建明，赵晓明. 消防避火服复合织物热防护性能的影响因素分析 [J]. 纺织科学与工程学报，2018，35 (2)：7-11，34.

[16] Song G, Paskaluk S, Sati R, et al. Thermal protective performance of protective clothing used for low radiant heat protection [J]. Textile Research Journal, 2011, 81 (3)：311-323.

[17] Song G, Chitrphiromsri P, Ding D. Numerical simulations of heat and moisture transport in thermal protective clothing under flash fire conditions [J]. International Journal of Occupational Safety and Ergonomics：JOSE, 2008, 14 (1)：89-106.

[18] Benisek L, Phillips W A. Protective clothing fabrics：Part Ⅱ-Against convective heat (open-flame) hazards [J]. Textile Research Journal, 1981, 51 (3)：191-196.

[19] Song G. Clothing air gap layers and thermal protective performance in single layer garment [J]. Journal of Industrial Textiles, 2007, 36 (3)：193-205.

[20] Li X, Lu Y, Zhai L, et al. Analyzing thermal shrinkage of fire protective clothing exposed to flash fire [J]. Fire Technology, 2015, 51 (1)：195-211.

[21] Li X, Wang Y, Lu Y. Effect of body postures on clothing air gap in protective clothing [J]. Journal of Fiber Bioengineering and Informatics, 2018, 4 (3)：277-283.

[22] 王静娴. 织物阻燃整理方法的研究进展及趋势 [J]. 纺织科学研究，2020，31 (9)：61-62.

[23] 李利君，宋国文，李睿，等. 消防员防护服面料的热湿舒适性 [J]. 纺织学报，2017，38 (3)：122-125.

[24] 刘林玉，陈诚毅，王珍玉，等. 消防服多层织物的热湿舒适性 [J]. 纺织学报，2019，40 (5)：119-123.

[25] Nilgün Özdil, Arzu Marmaralı, Serap Dönmez Kretzschmar. Effect of yarn properties on thermal comfort of knitted fabrics [J]. International Journal of Thermal Sciences, 2007, 46 (12)：1318-1322.

[26] 沈德垚，侯东昱. 聚酰亚胺与其他常用消防服阻燃材料的性能对比 [J]. 毛纺科技，2020，48 (4)：

12-16.

[27] 蔡普宁，林娜，赵领航．消防服用芳纶隔热层面料的热防护性能研究［J］．产业用纺织品，2015，33（6）：21-24.

[28] 金艳苹，朱堂葵，姚娜，等．新型消防服隔热层织物热防护性及热湿舒适性研究［J］．毛纺科技，2021，49（12）：17-21.

[29] 刘沙，陈维旺．气凝胶隔热面料热防护性能测评［J］．服装学报，2021，6（4）：291-297，304.

[30] 曹慧，姚磊，罗立京．功能型消防员灭火防护服研究进展［C］∥ 2021 中国消防协会科学技术年会论文集．北京：应急管理出版社，2021：124-127.

[31] 织物设计的形式：仿制设计、改进设计、创新设计［OL］．［2023-09-08］．促织网．

第 2 章　冲击防护纺织品结构设计

个体防护装备（personal protective equipment，PPE）是为了应对不同行业工作场景中的潜在危险与威胁生命健康、维护工作安全的服装装备，对常规劳动场景而言，又称劳动保护用品。其内容涉及：碰撞刺割防护的劳动保护装备，如防切割手套、工作服；对抗性竞技体育运动（冰球、橄榄球、赛车、滑雪等）防护装备；特种环境防护装备，如用于火场的消防服、隔热服、隔绝有毒化学品的防护服，恒温供氧、隔绝有害宇宙射线的宇航员舱外服，作战士兵战场穿着的防弹防爆服等。

本章以冲击防护纺织品设计为例，重点介绍防弹衣、防弹头盔用纺织品结构的设计。

2.1　冲击防护原理

战场冲击防护与面临的战术威胁息息相关，武器与单兵防护装备如同矛与盾一般此消彼长。依据冲击速度和冲击物体携带的能量差异，可将冲击威胁大致分为准静态冲击、低速冲击、高速冲击及超高速冲击等（图 2-1）。如球类运动中发生的撞击通常属于低速冲击；手枪弹速普遍在 100m/s 以上，属于高速冲击或称弹道冲击；坠落地球的陨石撞击则属于超高速冲击。

不同类型的冲击由于提供给材料的响应时间差异，造成的损伤程度也大相径庭。较低的冲击速度通常引发材料的整体响应及整体大幅度形变；而较高的冲击速度则对应局部响应，易诱发材料集中于撞击点附近的局部形变。除冲击速度外，冲击物的质量、形状等变化均会带来不同程度的材料损伤。不得不提的是，士兵在战场面临的威胁通常是复杂多样的，难以用某一类冲击速度和冲击动能简单概括。因此，在设计防护纺织品时，需要充分考虑材料面临的主要冲击类型，有针对性地选取适当的材料并优化设计材料的组织形式。

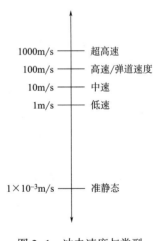

图 2-1　冲击速度与类型

2.1.1　个体冲击防护装备的发展历程

人类文明伴随着战争，单兵防护装备也随着武器的发展变化而不断进步。防护材料的用量增加，必然提升防护性能，但会限制穿着者的行动、作战能力。自古以来，个体防护装备设计均围绕"轻量"和"舒适"展开博弈。

冷兵器时代，士兵在战场主要近距离短兵相接，冲击威胁倾向于准静态冲击和低速冲击。利用质地坚硬的动物皮革、甲壳、骨骼等制作防护服装，主要是为了防止尖锐武器的刺穿。随着火药的发明和冶炼铸造技术的不断精进，金属材料除被用于制作热武器外也逐渐应用于护甲、锁子甲等防护服装中，并一直沿用至近代。但此类金属甲胄沉重、坚硬，全套甲胄重量可达30kg，对穿着者的作战灵活性造成较大限制，且通常需要根据穿着者的身材量身定制，使用范围受成本限制。由此，逐渐衍生出在重点部位使用金属材料，其他部位辅以棉织物、皮革等材料的复合甲胄。重量的有效减轻可一定程度上提升穿着者的体感舒适性和行动灵活度。如我国清代士兵配装的"棉甲"，即为利用铜钉进行固定的棉织物—铁甲复合甲。

现代防弹衣的原型诞生于20世纪50年代。美军在朝鲜战场上为士兵配装了利用多层尼龙织物叠合制成的防弹背心，有效减少了榴弹爆炸过程中形成的碎片冲击伤亡。随后，对位芳纶、超高分子量聚乙烯纤维等高性能纤维逐步被广泛应用于防弹衣、防弹头盔等个体防护装备，为防护装备轻量化提供了更大空间。因此，高性能纤维织物及复合材料成为目前个体防护装备的主要形式，并可通过与硬质陶瓷插板组合来阻挡高速步枪和手枪的子弹冲击。

据美军2016年统计，一名陆军士兵的平均负重大约53.9kg，相当于一名成年女性的体重。这些重量包含个体防护装备（如防弹背心、防弹头盔等）、武器、补给和通信侦视装备等。而这一指标在20世纪90年代初仅为21.7kg。负重大、幅增大不仅是为了应对现代战场精准化和多样性的杀伤威胁，更是为了应对信息化作战的需要。如防弹头盔除了基本的防弹功能外，还要具有一定的结构承载能力，以搭载头部观瞄、报警、通信等功能模块。因此，现代个体防护装备设计必须达到轻量、舒适、功能集成的目标。

2.1.2 冲击防护的基本原理

理想的个体冲击防护材料除具有较好的防护功能外，还应具备对人体无毒无害、灵活舒适、易于穿脱等特征。穿着后不能使两臂的自由运动及人体跪、跳、蹲、俯卧、转体等动作受到限制。围绕上述要求，高性能纤维在其中发挥着主要作用。

当纤维及其增强复合材料靶体受到横向侵彻时，弹丸在靶体中激发出纵向与横向两种应力波，如图2-2所示[1]。其中纵波主要沿着纤维的轴向传播，横波则与横向侵彻引起的横移方向相对应，二者的传播速度如公式（2-1）和公式（2-2）所示。

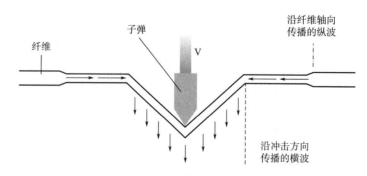

图2-2　应力波在纤维中传播原理图

$$c = \sqrt{\frac{E}{\rho}} \qquad (2-1)$$

$$u = c\sqrt{\frac{\varepsilon}{1+\varepsilon}} \qquad (2-2)$$

式中：c 和 u 分别为纵波与横波的波速；E 为材料的杨氏模量；ρ 为材料的密度；ε 为纤维材料的拉伸断裂应变。

两种应力波的传播速度均与材料的杨氏模量 E 呈正比。纤维材料的杨氏模量高、密度小、拉伸断裂应变大，均有利于提高应力波传播速度，从而在单位时间内带动更大范围的材料参与应对冲击。基于上述理论，克尼夫（Cunniff）推导了增强材料性能（U^*）的弹道性能综合影响因素[2]，如公式（2-3）所示。

$$U^* = \frac{\sigma\varepsilon}{2\rho}\sqrt{\frac{E}{\rho}} \qquad (2-3)$$

式中：σ 为材料受到的应力。

$$E = \frac{1}{2}mv^2 \qquad (2-4)$$

依据能量守恒定律，弹丸（质量为 m）以速度 v 入射靶片，其携带的冲击动能全部或部分转化为靶体材料的应变能与动能，且有一小部分以摩擦和热能形式耗散，最终体现为材料的变形破坏，从而保护靶体材料背弹面后物体免受弹丸冲击。织物吸收冲击动能的大小与冲击速度和织物面密度密切相关。

由于弹道冲击发生时间在微秒级别，对复合材料的破坏通常集中在冲击点局部，而柔性织物则有稍大的变形范围。复合材料弹道损伤的主要形式包括纤维增强体损伤、树脂基体损伤以及纤维/树脂界面三种，其中纤维与树脂基体的损伤均包括拉伸、剪切、压缩等不同形式[3]。而柔性织物面对弹道冲击主要依靠纤维的损伤和织物中纤维的相互接触、相对滑移等作用吸收耗散冲击动能。因此，提高应力波传播速度、提供连续通畅的应力波传递路径，均有助于在有限的冲击接触时间内，使更大范围内的靶体材料通过应变的形式参与到冲击动能吸收中去。

2.2 抗冲击性能的表征

面向冲击防护的纺织材料性能表征需要系统考虑其抗冲击侵彻能力、最大变形程度、对背衬材料的毁伤程度、服役环境影响等综合因素[4,5]。以下分别针对防弹和防刺纺织材料的抗冲击性能表征方法进行讨论。

2.2.1 防弹性能

在防护装备弹道性能的研究中，弹道试验需要参考不同的标准来进行。世界各国对防弹装甲的测试方法和标准并不统一，但都为弹道性能评估系统提供了一般性指导，以便评价不同防弹装备的弹道冲击性能。如目前国内外针对防弹头盔的检测标准主要集中在对极限弹道速度与弹道损伤形貌的表征上，也会关注服役过程中环境等因素的影响。

在实际应用中，对各类防弹装备存在多方面的要求，单一的测试标准并不能完全涵盖。因此，针对不同防护装备的防弹等级和特殊性能需求，都有相应的测试标准。美国国家标准局执法标准实验室制定的 NIJ 标准是国际上常用的防弹装备评价标准之一，该标准针对防弹衣、防弹头盔等不同装备分别制定了一系列标准，包括 NIJ-STD-0101.06 和 NIJ-STD-0106.01 等。根据 NIJ-STD-0101.06，防弹装甲的弹道防护等级可分为五种类型（ⅡA、Ⅱ、ⅢA、Ⅲ和Ⅳ），并定义了一个特殊的测试级别，对五个标准等级以外的弹道威胁进行验证测试。

我国现行的标准也有很多，例如 GJB 4300A—2012《军用防弹衣安全技术性能要求》、GA 293—2012《警用防弹头盔及面罩标准》，以及 GJB 5115—2004《军用防弹头盔安全技术性能要求》等，还充分考虑了常温、低温、高温和浸水条件对防弹装备服役性能的影响。

2.2.1.1　弹道极限速度 V_{50}

弹道极限速度 V_{50} 是指固定靶板被弹丸击穿的概率为 50% 时的子弹或模拟碎片的平均入射速度，一般采用 4、6、10 发子弹进行测试。V_{50} 反映的是材料可承受的弹道极限水平，V_{50} 值越高，材料的防弹性能越好。例如，美国军用头盔标准（MIL-H-44099A）要求防弹头盔需满足以下要求：采用质量为 1.1g、0.22 口径的 Ⅱ 型模拟碎片的冲击时，V_{50} 不低于 670m/s，相当于要求头盔能承受 246.9J 左右的冲击动能。

由于 V_{50} 的测试过程较为复杂，一般也可用弹丸能恰好穿透靶板的最低入射速度来代替，即侵彻完成后子弹的剩余速度恰好为 0 时的弹丸入射速度。对于贯穿损伤靶板，可以利用理论弹道极限速度 EV_{50} 来衡量材料的抗冲击吸能能力，其与子弹侵彻前后速度之间的数学关系遵循式（2-5）：

$$EV_{50} = \sqrt{V_{i}^2 - V_{r}^2} \tag{2-5}$$

式中：V_i 为子弹的入射速度；V_r 为子弹击穿材料后的剩余速度。

2.2.1.2　背面凹陷深度

背面凹陷深度（back-face signature，BFS）是评价防弹装备抵抗非贯穿性损伤能力的一个直接指标，指的是防弹材料在子弹有效命中但不穿透的条件下，背弹面垫料上产生的最大变形深度。BFS 可作为控制钝伤的有效参考量，避免子弹的冲击动能对皮下组织特别是内脏造成伤害。BFS 越小，人体受到钝伤的可能性越低，反之则越高。美国军标对于 BFS 的要求是 16~25mm（不同部位），而我国军标规定 BFS 要控制在 25mm 以内。如果 BFS 高于此值，认为弹丸将对使用者的重要器官造成致命伤害。

2.2.1.3　其他评价指标

除了上述常用的评价标准外，还有多种对防弹装备的测试方法，充分考虑了实际应用中可能存在的其他威胁。例如，在防弹头盔的评价体系中，还可以通过最大线性加速度（peak linear acceleration，PLA）对脑损伤耐受进行测评。PLA 指的是冲击过程中头部重心处的运动加速度的峰值，反映了头部受到的最大应力。欧洲标准 ECE 22.05 就规定了头部承受的 PLA 必须始终低于 300g，且不可在连续 15ms 内高于 150g。然而，目前国内对防弹头盔防护性能评价的标准中，尚未涉及对头颈所受加速度伤害的评价。除此之外，根据 MIL-H-4409A 中的浸水测试标准，可以测试防弹头盔在浸水和风干后，其外表面的涂层是否有软化、起泡或剥落的迹象，可以反映出在特殊环境中装备的耐用性。静力结构试验也体现了头盔在反复载荷作用下的变形情况，充分反映装备的使用耐久性。由此可见，简单的标准并不能全面反映防弹装甲的性能，需要不断完善测试评价体系，从实际应用的角度综合评价防弹装备的防护性能。

2.2.2　防刺性能

防护材料的防刺性能评价主要模拟尖锐刀具攻击人体所造成的破坏程度。例如，我国警用防刺服标准即通过各类模拟刀具从不同高度下落所携带的重力势能对测试织物进行穿刺，考察有效穿刺情况下是否织物穿透情况来判定防刺服的防护效果。典型防刺纺织品测试装置如图 2-3 所示。此外，该标准还对防护面积、质量、耐浸水性和温度适应性进行了规定。

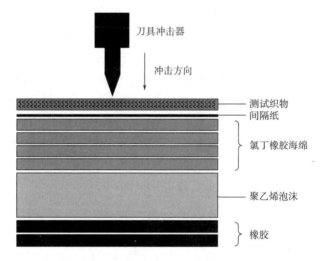

图 2-3　防刺纺织品测试装置示意图

刀具在穿刺过程中，与叠层织物摩擦、碰撞，通过织物拉伸变形、断裂损伤、摩擦发热消耗刀具的能量，并通过织物交织结构锁住刀具刀尖，从而抵抗刀具刺穿[6]。因此，研究中常借助落锤冲击试验仪，监测冲击作用力峰值和能量吸收，辅助防刺材料设计优化。

2.3　个体冲击防护柔性纺织品的设计

2.3.1　纤维材料

目前针对抗冲击的个体防护装备主要使用高强度高模量的对位芳纶和超高分子量聚乙烯（UHMWPE）纤维。其他高性能纤维，如聚丙烯腈（PAN）基碳纤维、聚对亚苯基苯并二噁唑（PBO）纤维、聚 2,5-二羟基-1,4-亚苯基吡啶并二咪唑（PIPD）纤维限于成本偏高、湿热等极端环境条件下性能不稳定等原因，尚未得到广泛应用。蜘蛛丝、碳纳米管、石墨烯等前沿新材料的稳定大规模制备和应用尚需时日。高性能防弹纤维性能对比见表 2-1。

表 2-1　高性能防弹纤维性能对比

纤维品种	密度/（g/cm³）	强度/		模量/		断裂伸长率/%	极限氧指数	耐紫外性能	抗压强度/GPa	熔点/℃
		cN/dtex	GPa	cN/dtex	GPa					
碳纤维（T700）	1.80	—	4.9	—	230	2.1	—	—	2.1	800
芳纶1414（K129）	1.44	23	3.4	667	96	3.3	29	—	0.58	450
UHMWPE	0.97	35	3.5	1300	110	3.5	—	—	—	150
Zylon® AS	1.54	37	5.8	1150	180	3.5	68	—	—	550
Zylon® HM	1.54	37	5.8	1720	270	2.5		—	0.4	550
PIPD	1.70	33	5.7	1940	330	2.0	>50	++	1.6	530

2.3.1.1　对位芳纶（para-aramids）

聚对苯二甲酰对苯二胺，即芳香族聚酰胺，简称对位芳纶，起源于20世纪60年代。目前市场上常见品牌主要包含Kevlar®（凯芙拉，美国杜邦）、Twaron®（特沃纶，日本帝人）、Technora®（德克诺拉，日本帝人）和Taparan®（泰普龙，泰和新材）等。由于分子链中存在酰胺基团和苯环，分子链结构规整，取向程度高，因此聚合物分子链间键合作用力大，且能高度结晶，从而使纤维具有超高强度、高模量、高韧性、耐高温等优异性能。对位芳纶的强度约为钢丝的5~6倍，模量为钢丝或玻璃纤维的2~3倍，韧性为钢丝的2倍，但重量只有钢丝的1/5。此外，对位芳纶易于织造，可以制成不同结构的织物，因此被广泛应用于防弹材料的研制中。但其在紫外光照射下会产生色变，且力学性能下降，不利于防弹制品的性能稳定要求，通常需要涂层或者包覆遮光材料。

2.3.1.2　超高分子量聚乙烯（UHMWPE）纤维

UHMWPE纤维是20世纪80年代中期发展起来的另一种用于弹道防护的高性能纤维。UHMWPE纤维采用凝胶纺丝法制备而成，主要品种有Dyneema®（迪尼玛，荷兰帝斯曼）和Spectra®（斯贝克它，美国霍尼韦尔）等。

对位芳纶的强度来自相邻分子链间的强键合作用，而UHMWPE纤维则是因为其极长的非极性分子链结构。UHMWPE纤维具有高度规整且致密的交联网络结构，结晶度高达85%，从而使纤维能够承受很大的拉伸负荷。UHMWPE纤维的强度是钢的10倍，密度比水更轻（0.97g/cm³），是非常理想的轻量化防弹材料。但UHMWPE纤维熔点仅为130℃左右，对热压成型加工工艺及树脂匹配要求较高。此外，不断有研究者质疑UHMWPE纤维的低熔点易在高能弹道冲击中诱发纤维熔断而丧失防护功能。

2.3.1.3　其他高性能纤维

聚对亚苯基苯并二噁唑（PBO）纤维是由美国空军材料实验室在20世纪70年代开发的一种超高性能纤维，具有十分优异的力学性能和化学性能，被称为"21世纪超级纤维"。PBO分子链呈棒状结构，使PBO具有非常高的拉伸强度和模量。日本东洋纺出品的PBO纤维产品Zylon®（基纶）分为标准型Zylon® AS与高模量型Zylon® HM，其拉伸强度和模量可达对位芳纶的2倍，并兼具耐热阻燃的特性，其他方面的性能也明显优于对位芳纶。但是在潮湿的环境下，PBO纤维的力学性能会急剧衰退，因此难以在防弹材料领域中推广。

荷兰阿克苏·诺贝尔（Akzo Nobel）公司报道了商品名为M-5®的聚2,5-二羟基-1,4-

亚苯基吡啶并二咪唑（PIPD）纤维。它具有高比模量、高比强度、比重小、抗紫外老化、耐高温等优点，且其抗压缩和抗弯曲性能优于目前所有的有机高性能纤维。作为先进增强材料，M-5®在航空航天、防护材料等领域具有重要的应用价值。但由于单体制备技术的限制，目前尚未有工业化产品问世。

一些无机高性能纤维如碳纤维、陶瓷纤维、玻璃纤维等在个体冲击防护用品中也有少量应用，但它们普遍断裂应变低，呈现刚性和脆性，造成断裂能较低，常常需要与其他有机高性能纤维搭配使用。

此外，一些高性能树脂材料，如芳香族和芳杂环材料［聚醚醚酮（PEEK）、聚酰亚胺（PI）等］、碳纳米管增韧树脂、剪切增稠液等防弹新材料也是冲击防护领域的研究热点。

2.3.2　纱线

防弹纺织品通常采用无捻或极低捻度（≈10 捻/m）的长丝纱织成，分散的纤维束更有利于提供通畅的应力波传播路径，且有利于纤维束在织物中铺展以覆盖更大的面积。但由于此类纱线中单丝集束抱合力低，织造过程中单丝与单丝、综丝、钢筘等相互摩擦加剧，静电荷积累，极易磨毛、断头，应注意及时上油、给湿。

纱线与纱线间在交织点处通过摩擦传递冲击应力波，故纱线间摩擦系数的大小对于织物防弹性能有着直接的影响。基于单片对位芳纶平纹组织织物建立有限元模型，分析不同纱线间摩擦系数下织物的弹道响应，如图 2-4 所示。研究发现，提高摩擦系数在一定程度上可以增加能量吸收，但存在临界摩擦系数，高于临界摩擦系数以后织物的吸能能力不增反降。具体分析织物的变形和应力分布发现，随着摩擦系数的增加，背部变形的深度减小，变形区域的半径增大，从而带动更大面积的织物参与能量吸收。纱线间摩擦的增加降低了织物的横向挠曲能力，使织物的响应模式由局部响应向全面响应转变。纱线间摩擦系数高的织物，纱线断裂所需时间较长，且纱线与弹丸接触区域应力集中减弱。然而，增加纱线之间的摩擦力会降低纵向应力波传递速度，从而降低动能和应变能的吸收。这可能是当摩擦系数大于 0.7 时能量吸收开始下降的原因。

鉴于纱线间的摩擦系数提高对织物吸能的积极作用，可以通过等离子体增强化学气相沉积法（PCVD）[7]、溶胶凝胶法[8]、氧化石墨烯接枝法等方法[9] 调控高性能纱线间的界面摩擦。

研究发现，经等离子体增强化学气相沉积法和溶胶—凝胶法处理后的对位芳纶纱线间摩擦系数增大且几乎不损伤纱线的强度。碳纤维表面通过聚多巴胺和氧化石墨烯表面处理可以增强层状复合材料的层间剪切强度，防止或延迟在相对低能量冲击事件下发生的分层。这为今后研究层数和纱线间摩擦的耦合效应以及减轻防弹衣的重量提供理论依据。

2.3.3　织物组织结构

织物组织结构包括织物中纱线的交织组织形式、纱线的线密度和排列密度、幅宽等，是影响防弹织物性能的关键因素之一。用于柔性冲击防护材料的织物结构按纱线排布方向与维度的差异，可分为单向布或无纬布（unidirectional，UD）、常规平纹组织或方平组织织物、三维织物三大类。同时，上述织物也可以通过与树脂复合制备复合材料用于防护装备。

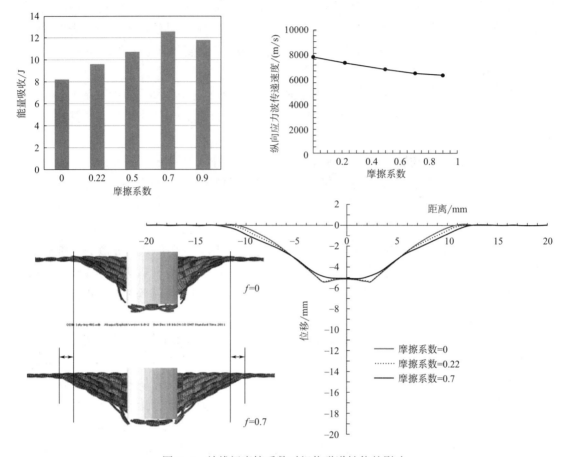

图 2-4　纱线间摩擦系数对织物弹道性能的影响

2.3.3.1　UD 结构

UD 结构为 [0/90]$_n$ 正交排列的纤维与少量树脂复合形成的柔性复合材料。连续式 UD 浸胶（湿法）制备过程包括：纤维铺展→浸胶制备→UD 叠层→收卷。覆膜（干法）工艺制备过程包括：制膜→纤维铺展→覆膜制备→UD 叠层→收卷，如图 2-5 所示。与机织物相比，UD 布中不存在弯曲的纱线，为冲击动能的传递提供更加通畅的路径。高性能纤维的优异特性可以被完整地保留于织物中。

UD 复合材料较之柔性 UD 更有利于提高织物的抗弯强度和抗向内变形能力，从而降低了钝伤的可能性，使材料的弹道性能大幅改善。UHMWPE 纤维被广泛应用于 UD 制备，如 Spectra® UD 和 Dyneema® UD，其中每一层纤维分别以 0° 或 90° 的方式定向分布，并由热塑性树脂基体黏结。

2.3.3.2　常规二维结构

常规的二维结构机织织物是由两组相互垂直排列的纱线交织而成，纱线的线密度和线间距决定了织物的疏密。平纹、斜纹、缎纹都是常见的二维机织物结构，而高性能纤维往往编织成平纹或方平结构，因为经纬向结构平衡，具有良好的稳定性，应力分散效果更好。平纹组织织物在弹道防护中应用最为广泛，因为这种经纬向平衡的结构中经纱与纬纱每次相遇即

制膜　　　　　　纤维铺展　　　　　　覆膜/浸胶制备

收卷　　　　　　UD叠层

图 2-5　UD 结构连续制备工艺流程

发生交织，有助于将应力通过交织点处的摩擦和接触向外扩散，从而使更大范围内的次要纱线参与，提高吸能效率，如图 2-6 所示。

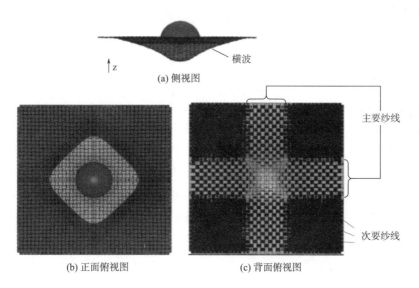

(a) 侧视图

(b) 正面俯视图　　　　　(c) 背面俯视图

图 2-6　冲击波在织物中传播原理图

2.3.3.3　三维织物结构

传统机织物由经纱与纬纱两向纱线交织而成，其力学性能受经纱和纬纱排列方向的影响较大，呈面内各向异性且厚度方向薄弱。三维织物中经纱沿厚度方向取向，按照其接结经纱取向角度的差异大致分为正交和角联锁织物，按照接结经纱贯穿深度的差异又可分为间层接结和贯穿接结结构。典型三维织物结构如图 2-7 所示。

三维织物增强体提高了织物厚度方向上的刚度和强度，增加了平面织物解缠的阻力。三维机织物所受到的冲击载荷可以沿三个正交方向扩散开，大大提高了复合材料的吸能能力，

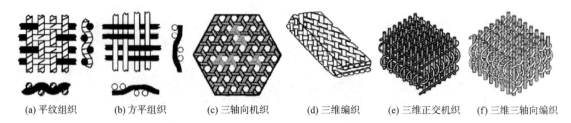

| (a) 平纹组织 | (b) 方平组织 | (c) 三轴向机织 | (d) 三维编织 | (e) 三维正交机织 | (f) 三维三轴向编织 |

图 2-7　典型三维织物结构

从而改善了其弹道性能。

对比研究发现，由于厚度方向强度加强，三维织物结构使层间树脂基体裂纹的扩展得到抑制，子弹的穿透率降低。此外，由于复合材料对子弹冲击能量的吸收主要是通过分层来实现的，因此三维织物复合材料的分层情况比二维织物复合材料小得多。

（1）覆盖系数的影响。织物的覆盖系数，是指其中纱线的投影面积占织物面积的百分率。织物覆盖系数越小，说明结构越松散。研究表明，织物结构越松散、各方向力学性能差异越大，防弹性能越差。一方面，松散的织物结构降低了弹丸击中纱线的概率；另一方面，松散结构对纱线的相对滑移握持能力差，造成弹丸从纱线交织的缝隙中"开窗效应"形成楔穿，而纱线未能充分承受冲击应力。较为合理的防弹织物覆盖系数应控制在 60%~95%。

（2）纱线屈曲的影响。为了综合分析不同组织织物中纱线粗细、排列密度等参数对抗侵彻效果的影响，可利用机织物中纱线的屈曲程度作为织物防弹性能的对照参数（参照标准 ASTMD 3883：2004），其计算公式见式（2-6）：

$$纱线屈曲 = \frac{L - P}{L} \times 100\% \qquad (2-6)$$

式中：L 表示织物中带有屈曲的纱线伸长后的长度；P 为该屈曲纱线在织物中占据的织物长度。

研究通过组合不同的纱线线密度和排列密度，在平纹组织芳纶织物上实现了 6 种不同的纱线屈曲。发现在多层弹道系统中，具有低屈曲纱线的织物叠层后各层的能量吸收效率高于高屈曲纱线的织物叠层，如图 2-8 所示。随着屈曲升高，叠层织物的面密度吸能比下降了45.5%。

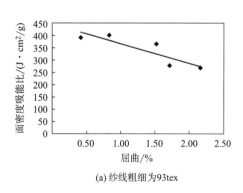

(a) 纱线粗细为93tex

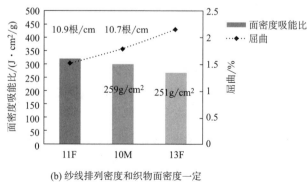

(b) 纱线排列密度和织物面密度一定

图 2-8　不同屈曲机织物的冲击能量吸收情况

在织物中使用较低水平的纱线屈曲可增强其能量吸收能力，这是由于低屈曲下织物中纱线相对伸直，纱线在织物中更加接近直线，从而吸收冲击能量。此外，将低屈纱线曲织物应用在背弹面吸能优势更为突出。但由于低屈曲纱线织物通常更为轻薄柔软，在限制背凹深度方面存在一定劣势，在构造叠层靶片时应当与其他材料混杂使用。

（3）特殊握持结构的影响。弹道试验中，靶片的夹持条件显著影响弹道试验的结果。织物在被完全固定夹持的状态下展示出优于不被夹持的自由状态。这一定程度上是由于增强对织物中纱线的握持，能够使靶片中的纱线更为直接有效地承载冲击应力。基于此，设计对比不同幅宽织物弹道性能，发现在具有足够的材料来消散冲击能量的前提下，窄幅织物表现出更佳的弹道性能，如图 2-9 所示。

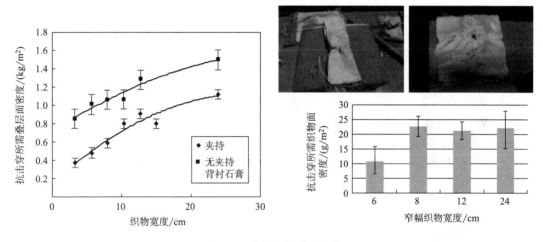

图 2-9　窄幅织物弹道性能

然而，实际织物靶片设计中，难以确保每次冲击都发生在窄幅织物的中央，即难以确保靶片在应对每次冲击的时候都有足够的材料参与吸能，造成了靶片弹道结果的离散。由此，通过组织结构设计实现纱线在织物中的包裹缠绕、织物层之间的连接组合，进而改善织物对其中纱线的握持，同时维持了织物中纱线的连续性，如图 2-10 所示。通过弹道测试发现，通过在平纹织物中添加纱罗和堆纬结构单元可以有效提升织物的面密度吸能比，比单纯使用平纹织物提高了 28.9%。但握持结构单元的引入会增加弹道试验结果的离散性。

研究表明，通过特定的织物结构设计增大对织物中纱线的握持力，如图 2-11 所示。可以有效限制纱线在冲击载荷下的相对滑移，进而使纱线直接应变受力以改善芳纶织物的防弹性能。故通过增强织物对其中纱线的握持，可以在一定程度上不降低弹道冲击性能的同时使防弹衣更轻。不仅仅对于芳纶织物，提高纱线握持以增加纱线间摩擦力的方法对于超高分子量聚乙烯（UHMWPE）防弹织物同样具有积极作用，但效果不如芳纶织物明显。这是由于 UHMWPE 的纱线间摩擦系数（$\mu = 0.11$）低于芳纶纱线（$\mu = 0.22$）。

2.3.4　后整理加工

为了提升柔性织物的抗冲击性能，常通过涂层、浸渍等方法对织物进行后整理。如前文

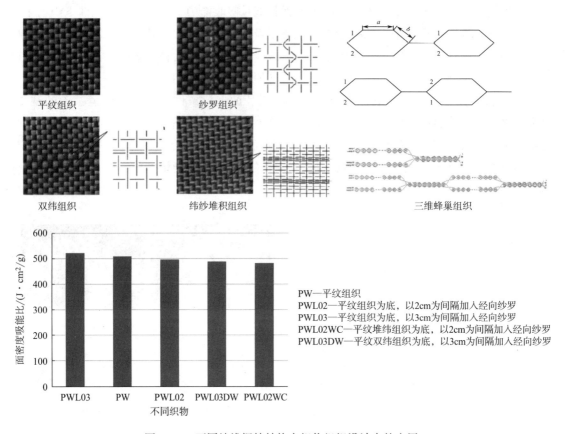

图 2-10 不同纱线握持结构在织物组织设计中的应用

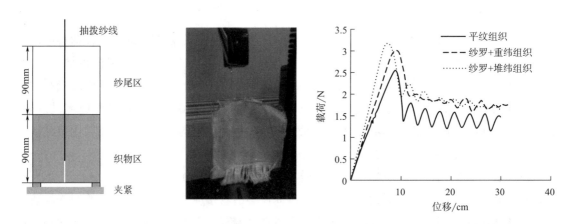

图 2-11 织物中纱线抽拔试验装置与不同结构抽拔试验测得的载荷—位移曲线

中提到的利用后整理的方法调控纱线表面的摩擦系数，可以有效提高织物的防弹性能。柔性织物常常难以抵挡锐器刺穿力，而防刺效果好的陶瓷材料硬度过大，穿着者活动受限。因此，可以利用硬质陶瓷颗粒与高聚物混合涂覆高性能纤维织物的方式，在一定程度上保留陶瓷材料防护作用的同时，使防刺材料较为柔软舒适。目前常用的硬质颗粒有碳化硅（SiC）、碳化硼（B_4C）、立方氮化硼（CBN）等。研究表明，硬质陶瓷颗粒与环氧树脂、热塑性聚氨酯、聚丙烯酸酯等按一定比例混合后涂覆在芳纶织物表面，可有效提升织物的最大冲击载荷。陶瓷颗粒的种类、粒径、分布状态、用量与涂层工艺均会对织物防刺性能产生影响。

2.4　个体冲击防护复合材料的设计

个体冲击防护在一些需要结构刚度的应用上不能直接使用柔性 UD 或织物。典型的应用如防弹防爆头盔、肢体保护板等均可通过高性能纤维增强复合材料实现。与柔性织物不同，纤维增强复合材料的失效模式除树脂和纤维因弹丸厚度方向侵彻造成的拉伸、压缩和剪切断裂失效外，还包括纤维—树脂界面的分层剥离破坏，如图 2-12 所示。分层破坏本身可以吸收一定的冲击能量，但过度分层易引发材料过大变形。本节以军用防弹头盔[10,11] 为例，介绍个体冲击防护复合材料的设计。

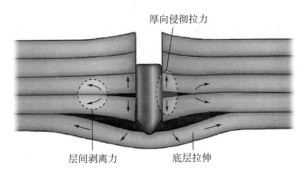

图 2-12　多层织物增强复合材料弹道防护失效模式

2.4.1　防弹头盔设计发展历程

防弹头盔主要包括壳体、衬垫、悬挂装置等组件，其中盔壳的设计与制备是确保头盔性能的关键之处。头盔的壳体多用高性能纤维增强复合材料制备而成，包含纤维织物增强复合材料和树脂基体两个组分。

由于其曲面形状及结构呈现出多样化体征，对兼顾防弹与结构功能的材料结构设计与盔体成型技术提出了很高的要求。美军防弹头盔发展简史见表 2-2，概括了典型防弹头盔材料和防护威胁的演变。

2.4.2　防弹头盔盔壳成型工艺

现代军用防弹头盔的壳体通常由 7~20 层高强纤维 UD、平纹织物增强复合材料模压而成，盔体具有明显的层状结构特点，一个典型的头盔厚度预计在 5~10mm。因其具有复杂曲面形态，成型通常需要经过织造、预浸、叠层、模压成型、装配等几个主要生产工序。原材料损耗高，制造效率低，成本较高，且制作过程中，高性能防弹纤维的裁剪断裂会降低能量的耗散效率。头盔外壳制作需要考虑的主要因素之一即是如何保持均匀的材料覆盖和厚度分布，同时最小化接缝，减少浪费。

表 2-2　美军防弹头盔发展简史

类型	WW I	WW II	PASGT	MICH ACH	FFW
盔型					
材料	轧钢	哈德菲尔高锰钢	Kevlar® 29 PVB 酚醛树脂	Kevlar® 129/Twaron® PVB 酚醛树脂	对位芳纶/UHMWPE 混杂纤维热塑性树脂
面密度/（kg/m²）	11.23~11.72	11.23~11.72	11.23~11.72	9.76~10.25	7.32~8.79
威胁	榴霰弹	破片	破片，9mm 子弹	破片，9mm 子弹	破片，9mm 子弹

2.4.2.1　手糊模压成型

手糊模压成型技术是现代复合材料头盔生产的一种典型方法，具体是先在模具和织物之间涂上一层脱模剂，再涂上含有固化剂的树脂混合物，其后铺贴上一层按要求裁剪好的纤维织物，并用刷子或压辊挤压织物使其均匀浸胶，反复叠加多层，直至达到所需厚度为止，然后放入金属对模中于一定压力下加热固化成型，最后脱模得到复合材料制品。手糊模压成型技术的优点在于生产效率高、尺寸精度高、易于实现生产的机械化和自动化；但制件尺寸受设备尺寸的制约，通常只适用于生产中小型制件，成型的头盔中仍然会存在纤维的不连续问题，且成品性能不均匀、稳定性差。

衬垫经纱
直纬纱
接结经纱

图 2-13　三层纬纱经向衬垫三维角联锁

2.4.2.2　三维织物一体成型

三维机织贯穿接结角联锁织物，因其经纬纱交织点只存在于织物正反两面，接结经纱在织物内部结构倾斜取向，对织物整体松散绑定，因而具有优异的可成型性，可作为形状复杂复合材料的连续增强材料。通过沿经向添加衬垫纱线，可以有效弥补经纬两向的力学性能差异，有益于冲击应力的均匀分布。如图 2-13 所示为三层纬纱经向衬垫三维角联锁织物。

可利用上述双曲面形状一体成型的三维机织物，结合真空辅助成型技术一体成型制备防爆头盔盔壳，如图 2-14 所示。

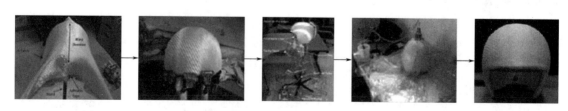

图 2-14　三维织物增强一体成型复合材料盔壳制备

2.4.2.3 纤维缠绕成型

纤维缠绕成型工艺分为干法、湿法、半干法缠绕三种，主要是将预浸料在张力控制下，按预定路径高速而精确地缠绕在转动的芯模上，固化后脱模即可。这种工艺方法适用于圆柱形复合材料的成型，且能充分保持纤维的连续性，发挥纤维整体性的功效，同时还能节省原料，成本较低。但是制件固化后需除去芯模，不适用于带凹面制件的制造。

有研究利用 UHMWPE 高蠕变性能特点，使用缠绕法在椭圆形模具上制作复合材料盔壳，经切割后可一次成型两顶头盔，如图 2-15 所示。该方法虽然最大程度上保留了纤维增强体的连续性，但由于模具转轴的阻挡，盔壳顶部会留下未增强区域。

(a) 设备   (b) 盔壳

图 2-15 缠绕法盔壳成型示意图

2.4.2.4 自动铺丝成型

自动铺丝成型技术是 20 世纪 70 年代开发的一项适合复杂型面快速成型的自动化制造技术，它是一项结合了缠绕与铺带技术的工艺。德国 CEVOTEC 公司开发出类似 3D 打印的增材制造技术，利用优化的纤维预浸带铺排路径实现纤维贴片布局增强（fiber patch placement，FPP），为复杂曲面复合材料制备提供了创新思路，如图 2-16 所示。但其在防弹盔壳制备上的工业化应用技术仍有待进一步完善，尤其是与之相适应的树脂体系与固化工艺开发，以及生产效率的提高。

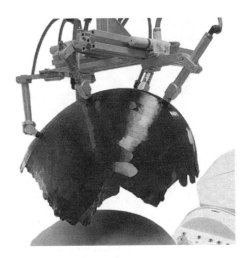

图 2-16 德国 CEVOTEC 公司设计的 FPP 头盔增强方法

2.5 未来冲击防护纺织品设计展望

从个体冲击防护纺织品的发展历程可以看出，冲击防护纺织品设计除了需要具备优异的冲击防护性能外，还需要充分考虑轻量、舒适、功能集成。高性能纤维与树脂材料、界面调控和复合材料成型加工技术是未来防护纺织品创新的基石。

思考题

    1. 碳纤维作为高性能纤维为什么没有被大规模应用于防弹衣、防弹头盔？

    2. 柔性防刺纺织品应如何通过结构设计实现对刀具的"封锁"？

    3. 高性能纤维和树脂材料增材制造技术在抗冲击复合材料领域的未来发展面临哪些挑战？

参考文献

［1］Cheeseman B A, Bogetti T A. Ballistic impact into fabric and compliant composite laminates ［J］. Composite Structures, 2003, 61（1/2）：161-173.

［2］Cunniff P M. Dimensionless parameters for optimization of textile-based body armor systems ［C］//Proceedings of the 18th International Symposium on Ballistics. Lancaster：Technomic Publishing Company Incorporated, 1999：1303-1310.

［3］Abtew M A, Boussu F, Bruniaux P, et al. Ballistic impact mechanisms-A review on textiles and fibre-reinforced composites impact responses ［J］. Composite Structures, 2019, 223：110966.

［4］Chen X. Advanced fibrous composite materials for ballistic protection ［M］. Britain：Woodhead Publishing, 2016.

［5］Crouch I, Arthur J. The science of armour materials ［M］. Britain：Woodhead Publishing, 2016.

［6］廖银昌，梁春玲，张岩，等. 柔性防刺材料的研究与发展 ［J］. 产业用纺织品，2023, 41（2）：9-18.

［7］Sun D, Chen X. Plasma modification of Kevlar fabrics for ballistic applications ［J］. Textile Research Journal, 2012, 82（18）：1928-1934.

［8］Chu Y, Chen X, Wang Q, et al. An investigation on sol-gel treatment to aramid yarn to increase inter-yarn friction ［J］. Applied Surface Science, 2014, 320：710-717.

［9］Zeng L, Liu X, Chen X, et al. π-π interaction between carbon fibre and epoxy resin for interface improvement in composites ［J］. Composites Part B：Engineering, 2021, 220：108983.

［10］Wythers M C. Advances in materials science research：Volume 31 ［M］. Nova Science Publishers Inc, 2017.

［11］杨莹雪，张秀芹，杨丹，等. 纤维增强复合材料防弹头盔壳体的研究进展 ［J］. 北京服装学院学报（自然科学版），2019, 39（3）：93-100.

第3章 汽车用纺织品结构设计

3.1 汽车用纺织品概况

产业用纺织品是仅次于服装的第二大应用门类。据中国产业用纺织品行业协会统计，截至 2020 年我国产业用纺织品纤维加工量占纺织纤维总量的 33%，并且这一比例还在逐年提高。随着高性能纤维、生物基纤维技术不断进步，以及与纳米技术、信息技术、三维成型技术等交叉融合，加之纺织基功能性材料和多功能复合材料加工技术和应用水平的提高，产业用纺织品将上升到新高度。

国际产业用纺织品及非织造布展览会和我国产业用纺织品的分类中均有一类名为"交通运输用纺织品"，它集中体现着纺织领域科学技术的创新与应用。2022 年中华人民共和国工业和信息化部、发展和改革委员会联合印发的《关于产业用纺织品行业高质量发展的指导意见》中明确提出，交通运输用纺织品中要着力发展高品质内饰材料和轻量化材料，赋能汽车、飞机、铁路等交通运输产业的发展。根据世界汽车工业协会（OICA）最新数据显示，2022 年全球汽车产量约为 8502 万辆，比上年增长 6%。中国是全球最大的汽车生产国，产量占世界总产量的 31.8%。汽车用纺织品不仅可以为车辆提供美观时尚的装饰，还能够赋予车辆防护、隔离等功能，提升车辆的整体附加值。据统计，平均每辆 8 座以下汽车需要消耗 42~60m² （或20kg）的纺织材料，主要应用于汽车的各类内外饰件和功能零部件，包括地毯、顶棚、座椅、行李箱等处的内部空间装饰，安全带、安全气囊等生命安全防护配件，轮胎帘子线、底护板、复合材料车身等提供结构强力的配件，以及引擎盖隔音隔热件、空气过滤芯、电池隔膜等隔离过滤配件等[1]，汽车上纺织材料的应用示例如图 3-1 所示。

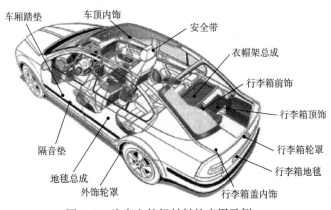

图 3-1 汽车上纺织材料的应用示例

本章以汽车上使用的纺织品为例，选取了其中体现交通运输纺织品装饰性与功能性的内饰织物、安全带、安全气囊作为代表产品，分析上述产品是如何以功能需求为牵引，通过材料、结构和工艺设计服务达到"安全、时尚、轻量、环保"的目标。

3.2　汽车内饰结构设计

汽车内饰是车辆内部空间与驾乘人员身体接触最密切的部分，其所营造的环境也是直接影响驾乘人员心理感受和生理感受的重要因素。近年来，天然皮革内饰虽然可以提升汽车档次，但随着人们对生命健康、绿色环保等议题的关注度持续上升，以纺织材料为基础的人造皮革和纺织品在汽车内饰中也得到了越来越多的应用。

总体而言，汽车内饰织物根据其应用场景大致分为用于地毯、座椅等装饰性的起绒织物，用于行李箱等复杂曲面形态表面的非织造布，以及用于车内顶棚、车门内表面等处的涂层或复合织物等[2,3]（表3-1）。

表3-1　纺织面料在汽车内饰中的应用

材料类型		应用
天然皮革		座椅、方向盘等
织物	机织物	座椅、安全带、安全气囊、地毯等
	针织物	顶棚、门板嵌饰板、座椅等
	非织造布	顶棚、地毯、座椅背衬、后备箱垫等
人造革		座椅面料、座椅扶手、仪表台装饰件、门板嵌饰板、遮阳板、方向盘等

3.2.1　性能需求与评价

汽车内饰织物主要需满足舒适美观、经济耐用、抗气候、抗油污、环保等需求，并呈现低气味、易回收、质量轻、成本低及功能化的发展趋势。

3.2.1.1　阻燃性能

针对纺织品燃烧性能的测定可按照火焰燃烧方向的不同分为水平燃烧法、垂直燃烧法。GB 8410—2006《汽车内饰材料的燃烧特性》中明确规定，汽车内饰织物水平燃烧速度≤100mm/min，且须在60s内自熄，燃烧长度≤50mm。为保护特殊人群，针对校车用纺织材料的 GB 24407—2012《专用校车安全技术条件》规定的水平燃烧速度≤70mm/min，较常规车辆更慢。针对更加苛刻的燃烧条件，GB 32086—2015《特定种类汽车内饰材料垂直燃烧特性技术要求和试验方法》规定，客车、商用车等车辆内饰材料的垂直燃烧速度≤100mm/min。

另有标准通过极限氧指数（LOI）法来表征材料点燃后在氧、氮混合气体里维持燃烧所必需的最低的氧体积百分数。如 GB 38262—2019《客车内饰材料的燃烧特性》规定营运客车内饰材料的LOI≥27%，达到难燃材料级别。

由此可见，在汽车内饰纺织材料设计过程中，应尽量选用本征阻燃纤维材料，或对织物进行阻燃后整理，以达到国家标准规定的指标。汽车内饰常用纤维的性能见表 3-2。

表 3-2　汽车内饰常用纤维的性能

纤维种类	密度/ (g/cm³)	熔点/ ℃	断裂强度/ (g/旦)	极限氧指数/ %	耐磨性	耐日晒性
腈纶	1.12~1.19	150	2.0~5.0	18	中等	很好
尼龙 6	1.13	215	4.3~8.8	20	很好	差~好
尼龙 66	1.14	260	4.3~8.8	20	很好	差~好
涤纶	1.40	260	4.2~7.5	21	很好	好~很好
丙纶	0.90	165	4.0~8.5	18	较好	差~好
羊毛	1.15~1.30	132	1.0~1.7	25	中等	中等
棉	1.51	150	3.2	18	中等	中等

注　1 旦 = 1/9tex。

在纤维材料选用时应充分考虑和利用其特性，如腈纶具有优异的耐日晒性、丙纶的比重小、尼龙耐磨性好，但其中目前应用最为广泛的仍属涤纶。

3.2.1.2　耐用性能

汽车内饰织物虽处于密闭内部空间中，但仍不可避免要经历日光暴晒，且与人体有较多接触摩擦的机会，而一般不会在车辆使用过程中更换或拆卸清洗。因此，汽车内饰织物需具备良好的耐用性，具体来说应耐磨、防沾污、易清洁、防霉，且具有良好的耐日晒、耐汗渍水渍和耐摩擦色牢度等。

汽车消费者越来越重视汽车内饰织物的空气质量和安全，包括气味、挥发性有机化合物（VOC）含量，以及挥发性成分在汽车玻璃上凝结造成的雾化度等指标，这些指标均可通过标准测定方法检测得到。上述指标均与汽车内饰织物整理过程中整理剂和涂层材料的选用、整理工艺等直接相关。

3.2.2　结构设计

3.2.2.1　起绒织物

汽车内饰中地毯、座椅等装饰性场景常使用起绒织物[4,5]。起绒织物比表面积大，耐磨性、抗污性、耐光性相对较好。热塑性合成纤维变形纱，如空气变形纱（ATY）[图 3-2（a）]、假捻网络纱 [图 3-2（b）]、膨体纱（BCF）可以有效增加纱线的体积，使其织物具有更加接近短纤维纱的丰厚手感，且耐磨性得到改善。

此外，花式绒纱也被越来越广泛地应用于起绒织物的制造。两种典型的花式绒纱线如图 3-3 所示。其中，雪尼尔绳绒是利用两根以上的细芯纱以扭绞的方式绑定 1~2mm 长的起绒纱，从而形成垂直于芯纱条干的起绒纱线。此类纱线的芯纱对绒毛绑定较松，在使用摩擦过程中容易掉毛，有的生产企业改进设计使用低熔点芯纱在加工过程中通过热熔方式黏合绒毛。另一种花式绒纱为静电植绒纱，其生产原理与静电植绒织物类似，裁剪成 1~2mm 长的纤维绒毛经过静电载荷后，落在表面事先涂好黏合剂的芯纱上固结。此类纱线的绒毛排列密度和坚牢程度均较高，制成的织物耐磨且绒毛不易倒伏。

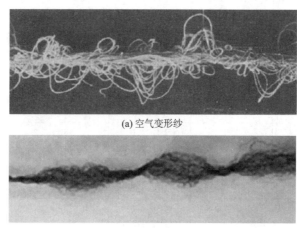

(a) 空气变形纱

(b) 假捻网络纱

图 3-2 合成纤维变形纱

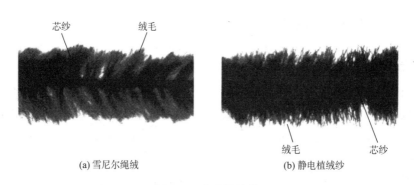

(a) 雪尼尔绳绒

(b) 静电植绒纱

图 3-3 花式绒纱线

利用上述纱线结构，起绒织物可以通过机织、静电植绒等工艺获得。利用大提花织机和多臂织机均可获得机织起绒织物。按照织物表面绒纱的状态起绒织物可以大致分为簇绒织物和圈绒织物。

起绒织物织造原理如图 3-4 所示，从图中（a）可知，地经从整经架上引出后经大提花织机提花龙头的控制，分为间隔一定距离的上下两层，每层单独形成片梭开口与引入的纬纱

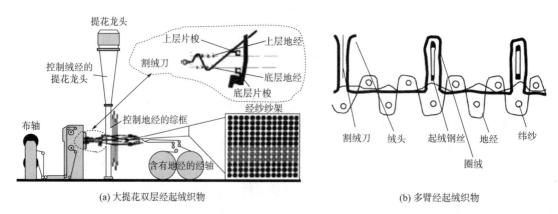

(a) 大提花双层经起绒织物

(b) 多臂经起绒织物

图 3-4 起绒织物织造原理示意图

交织构造起绒织物的基布，而绒经则在上层和底层基布之间交替喂入，形成"V"形固结状绒毛。当形成的上下两层织物运动至机前割绒刀口时，即被割开同时形成两块簇绒织物。在多臂织机上织造起绒织物时，需要有专门的起绒钢丝，用以撑起绒经形成需要的绒头高度，形成圈绒织物。起绒钢丝织入的间隔大小决定着绒毛的疏密，如果在其上同时配置割绒刀，即可隔开绒圈形成簇绒织物。

静电植绒织物加工示意如图 3-5 所示。事先切好的短纤维绒毛在植绒漏斗中经拍打开松打散，并在下落通过筛网电极的过程中被加载上静电荷，而后绒毛纤维沿着电场线方向垂直落在涂覆好黏合剂的底布上，经过加热固化形成植绒织物。过程中未与底布完全黏合的绒毛可以被吸回植绒漏斗中被回收再利用。

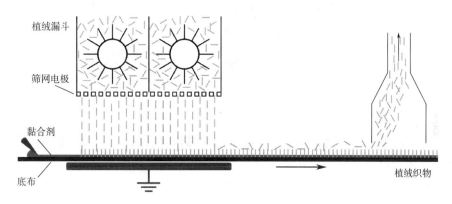

图 3-5　静电植绒织物加工示意图

静电植绒工艺得到的起绒织物绒毛排列密度高，与织造方式获得的起绒织物相比具有更加优异的表面性能（图 3-6）。结合三防整理、阻燃整理等后整理技术，如今已被广泛应用于飞机、高铁、客车等公共交通工具座椅的装饰上。

　　(a) 静电植绒　　　　　　　　(b) 簇绒　　　　　　　　(c) 圈绒

图 3-6　各类起绒织物绒头状态及拒水效果

3.2.2.2　复合织物

以座椅面料为例，通常由三层织物复合而成。表层织物为机织物或针织物，要求外观平整、尺寸稳定；中间层织物为聚氨酯发泡海绵，提供座椅所需的柔软度，并确保座椅面料不易褶皱；底层织物为防滑层（经编间隔织物），保障座椅面料与座椅骨架之间不易滑移。制备三层夹心复合织物的工艺原理如图 3-7 所示。

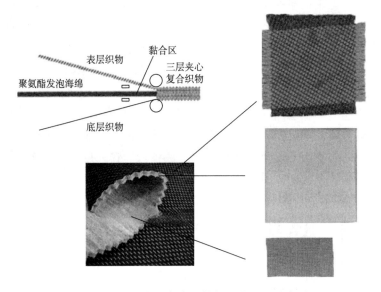

图 3-7　三层夹心复合织物的工艺原理示意图

三层材料同时喂入复合机，当中间层聚氨酯海绵进黏合区时，材料因高温热塑而软化，经一对压辊施压后与表层织物及底层织物黏合形成复合织物。聚氨酯发泡海绵在火灾中容易产生有毒气体，危害生命安全，经编间隔织物因在厚度方向上存在纤维取向可以起到很好的结构支撑作用，越来越多地被用于替代传统聚氨酯发泡海绵。使用特利科托型经编机织造经编间隔织物车速可达 2000~3000 线圈横列/min，至少是传统机织工艺生产效率的 3 倍。

3.3　安全带结构设计

安全带是在车辆突然减速制动期间，以受控的方式防止佩戴者猛烈向前移动的防护装置。汽车用三点式安全带佩戴如图 3-8 所示。

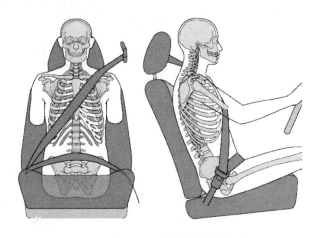

图 3-8　汽车用三点式安全带佩戴示意图

正确使用安全带能使汽车撞击造成的人身伤害降低 60%~70%，死亡率下降约 75%。中华人民共和国公安部 1992 年发布的《关于驾驶和乘坐小型客车必须使用安全带的通知》规定，上路行驶的小型客车驾驶人和前排乘车人必须使用安全带。2004 年颁布的《中华人民共和国道路安全法》第 51 条规定，机动车行驶时，驾驶员、乘车人员均应当按规定使用安全带。车辆安全带系统主要由织带、自动卷收器、预拉紧安全结构、拉力限制器等部分组成。其中，柔性织带的质量直接影响安全带的防护效能，需要能够约束乘员身体并将所受到的力传到安全带固定点。

3.3.1　性能需求与评价

安全带织带设计最重要的指标是抗拉强度，此外织带不能因为加载而产生过度的伸长变形和扭曲，否则无法达到限制佩戴者向前移动的作用。GB 14166—2013《机动车乘员用安全带、约束系统、儿童约束系统和 ISOFIX 儿童约束系统》规定，安全带织带在 9800N 载荷下宽度不得小于 46mm，标准温湿态处理后抗拉载荷值不得小于 14700N。

此外，安全带织带还应具备耐磨、耐光、轻质、柔软等性能。

3.3.2　结构设计

安全带织带长度 2.6~3.6m，宽度约 46mm，厚 1.1~1.2mm，通常每米克重约 60g[6]。为了使织带长度方向强度高、易弯曲，宽度方向硬挺且表面光滑，一般采用斜纹组织或缎纹组织的窄幅机织物制成，最典型为 2/2 斜纹或人字形斜纹。利用有梭织带机加工出的织带可具有光洁整齐的布边，有效防止其在使用过程中松散。

纤维材料常选用抗拉强度高、比重和延伸性适中且尺寸稳定性好的高强涤纶长丝。利用不加捻长丝织造可以达到更高的纱线排列密度，有助于织带拉伸强度的改善，且方便后续改善耐磨性所需的涂层整理。安全带织带结构与常用规格见表 3-3。

表 3-3　安全带织带结构与常用规格

组分	作用	纤维	规格
经纱	承受载荷	高强涤纶长丝	1000 旦/192f, 320 根 1500 旦/288f, 260 根
纬纱	双纬 固定经纱	高强涤纶长丝 普通涤纶长丝	500 旦×2 750 旦×2

注　1 旦 =1/9dex。

3.4　安全气囊结构设计

安全气囊是一种被动安全保护系统，它与座椅安全带配合使用，可以为乘员提供有效的防撞保护。通常在汽车相撞时，安全气囊可使乘员头部受伤率减少 25%，面部受伤率减少 80% 左右。20 世纪 90 年代，各国开始立法确保在汽车上配置安全气囊。驾驶员气囊通常位于方向盘中，乘客气囊分布在前仪表盘、车门等处。安全气囊需要与传感器、点火器和电子控制装置等联用，以确保在恰当的时刻及时弹出，通过压缩安全气囊中的气体来限制乘员身体与车内部件的接触力，并在与人体接触后快速撒气，避免二次伤害。

安全气囊的工作原理如图 3-9 所示，碰撞触发点燃固体推进剂，高速燃烧产生大量气体使气囊膨胀；气囊以最高 322km/h 的速度从存放地点突然释放出来；1s 后，气体通过气囊上的小孔迅速放气。气囊大部分时间需要稳定保存于车内较小空间内，因此充气需要由性质稳定、反应产气量大且产物性质稳定无毒害的化学品完成。最常见形式为利用叠氮化钠、硝酸钾、二氧化硅连锁反应生成大量氮气和碱性硅酸盐，安全气囊充气反应原理如图 3-10 所示。

图 3-9 安全气囊工作原理示意图

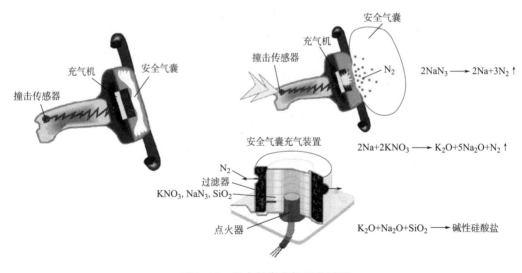

$$2NaN_3 \longrightarrow 2Na+3N_2 \uparrow$$

$$2Na+2KNO_3 \longrightarrow K_2O+5Na_2O+N_2 \uparrow$$

$$K_2O+Na_2O+SiO_2 \longrightarrow 碱性硅酸盐$$

图 3-10 安全气囊充气反应原理

3.4.1 性能需求与评价

针对上述安全气囊防护和工作原理，性能稳定的安全气囊织物应具备以下性能。

（1）力学性能。安全气囊织物应当具有高强度，且能够抵抗快速充气造成的撕裂；

（2）可折叠。厚度≤0.4mm，-30℃仍可弯折，抗弯折 10 万次，且不擦伤皮肤；

（3）极端高低温环境稳定。能在 −35 ~ 95℃ 的温度范围内工作，耐 100 ~ 200℃ 高温，可抵御安全气囊囊体展开时产生的热负荷，并能有效阻燃；

（4）气密性可控。能够有效储存气体且有适当释放的能力，透气均匀，气流量 28 ~ 29NL/min；

（5）耐老化。可以安全稳定存储并使用 5 ~ 15 年。

3.4.2 结构设计

为了达到安全气囊囊体高强度、低透气率的要求，基布以尼龙 66 长丝为原料，平纹组织或重平组织紧密织造，平方米克重 170 ~ 260g/m²，厚度 0.28 ~ 0.38mm[7]。尼龙 66 长丝耐磨性好、弹性好，织物能量吸收和抗冲击性能好，且可满足易折叠需求。高强度涤纶长丝因成本低、稳定性好、强度高，越来越多地被用于安全气囊制作，但其抗冲击性能仍不及尼龙。

为了实现可控的气密性，上述织物会被单面施加硅橡胶涂层，如图 3-11 所示。硅橡胶耐磨、耐热且耐老化性能好。硅橡胶涂层比早期使用的氯丁橡胶涂层更加轻薄，且与尼龙 66 的热融合性好，便于涂层整理。在 500Pa 的压差下，涂层织物的涂层面（朝向人体）透气量需达到 5L/(m²·min)，而未涂层面为 10L/(m²·min)。气囊织物涂层前后规格性能见表 3-4。

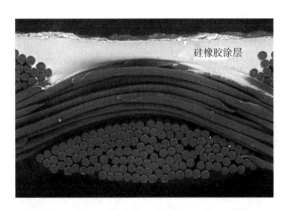

图 3-11 安全气囊涂层织物横截面显微图

表 3-4 气囊织物涂层前后规格性能

类型	纱线密度/（根/英寸）经×纬	厚度/mm	克重/（g/m²）	拉伸强力/N 经向	纬向	断裂伸长/% 经向	纬向	舌形撕裂强力/N 经向	纬向
涂层前	25×25	0.33	193	2461	2443	33.6	35.3	887	857
涂层后	25×25	2.72	281	2003	2127	28	38	378	369

注 1 英寸 = 2.54cm。

使用涂层织物加工安全气囊囊体隐患在于裁剪缝制带来的接缝处性能弱化。尽管采用密封胶替代传统缝纫可以在一定程度上改善该现象，但加工过程仍需耗费大量人力和时间。

采用无涂层全成型织造（one-piece woven，OPW）方式生产安全气囊越来越受到高档汽车的青睐，全成型气囊组织结构如图3-12所示。它可以在织机上直接形成袋状，可通过层次结构改变平纹组织的组织点疏密，从而调控织物中特定区域的透气率。该方法虽然生产效率高、材料浪费少，但成本相对较高。

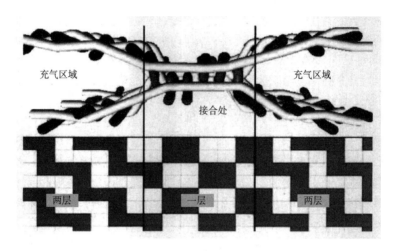

图 3-12　全成型气囊组织结构示意图

思考题

1. 静电植绒工艺和织造法构造的起绒织物在性能上主要存在哪些差异？
2. 间隔织物的成型工艺方法有哪些？
3. 汽车用纺织材料前沿应用还有哪些？

参考文献

［1］龚杜弟，李梦楠. 汽车用纺织品的应用现状及发展趋势［J］. 纺织导报，2021（8）：22-27.
［2］FUNG W，HARDCASTLE M. Textiles in Automotive Engineering［M］. Cambridge：Woodhead Publishing，2001.
［3］吴双全. 汽车内饰用纺织品整理技术的研究［J］. 纺织导报，2021（8）：34，36-40.
［4］CHEN X. Advances in 3D Textiles［M］. Cambridge：Woodhead Publishing，2015.
［5］GANDHI K. Woven Textiles［M］. 2版. Cambridge：Woodhead Publishing，2020.
［6］王霁，宁新，陈富星. 汽车用纺织品材料的应用与发展［J］. 纺织导报，2021（8）：28-33.
［7］诸文旎，祝国成. 安全气囊织物发展现状［J］. 现代纺织技术，2021，29（3）：40-44.

第4章 纺织品舒适性的结构设计

服装被称为人体的第二层皮肤，而皮肤是人体直接与外界环境相接触的组织，具有防护、调节体温、新陈代谢等重要功能[1]。如图 4-1 所示，皮肤可以保护人体皮下器官与组织免受外界环境的机械、物理、化学等有害因素损伤，皮肤的防水功能可有效保证人体处于水中一定时间而不会产生发泡肿胀[2]。同时，皮肤可调控人体温度。当人体温度上升时，皮肤通过分泌汗液、辐射电磁波、与外界热传导等多种方式来散发热量；而当人体温度下降时，皮肤通过关闭毛细血管网来获得保暖效果。但是皮肤内同样分布着各种感觉神经与运动神经，生活中液体飞溅、虫蚁叮咬、强烈的紫外线辐射等都会造成皮肤不适，甚至引发身体机能受损；且外界寒冷/高温环境超越皮肤对人体温度的调节限度时，会造成中暑、肢体冻伤、风湿病等伤害[3]。因此，早在十万年前人类就制造出衣物，在人体皮肤与环境之间构筑一道屏障，保证人体健康和舒适。服装覆盖于人体皮肤表面，可形成皮肤—服装—环境的复杂系统，在一定程度上阻碍了代谢产物及热量从皮肤表面排到外界环境，其中影响最显著的就是湿气和热量的传递扩散，衣物内高温、高湿的微环境会造成闷热感。由此可见，服装热湿舒适性、保暖性和防水性等是提升人们穿戴品质的关键，人们一直追求犹如皮肤一样可以呼吸，又能防水的多功能衣物[3]。本章将介绍基于保暖性、防水透湿、吸湿排汗等功能

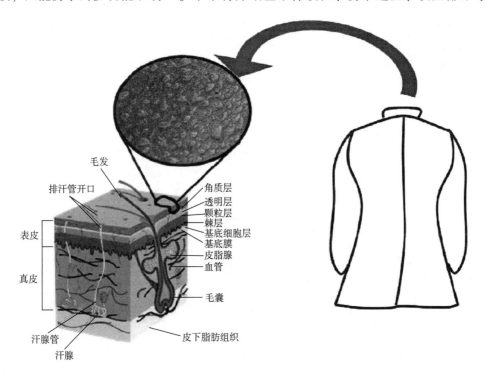

图 4-1 皮肤组织结构和服装对人体的保护作用[4]

的织物结构设计原理、方法及相关案例。

4.1 纺织品的舒适性

4.1.1 织物舒适性定义

织物舒适性定义有狭义和广义之分。如图4-2所示，从狭义上讲，织物舒适性为在环境—服装—人体环境中，通过服装织物的热湿传递作用和表面性能使人体经常保持舒适满意的性能。因此狭义的织物舒适性即为织物的物理性能，包括织物的隔热性、透气性、透湿性及表面性能。广义上的舒适性除了上述物理性能外，还包括心理因素与生理因素。

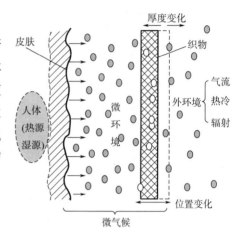

图4-2 环境—服装—人体环境

4.1.2 描写织物舒适性的三大要素

一般夏季面料要求轻薄而疏松，以减少热阻；要求织物表面光滑，反射率高，吸收辐射热少；要求其具有良好的吸水性、散热性、透湿性、透气性等性能。因此，夏季应选择轻薄、少毛羽、捻度大、弹性好的细特麻纱织物，以及真丝、人造丝、纯棉、涤/棉等织物作为服装面料。而冬季要求织物导热系数小、透气性小、厚实、结构紧密。因此夏季和冬季的舒适性面料是不同的。当人体处于剧烈运动中，会产生大量热量和湿气，这时的织物要容易散热、透湿，才能让人体感觉舒适。因此在描写织物舒适性时，除其本身的结构和功能特征外，还需要明确使用环境和人体生理及活动状态等。

因此，影响织物舒适性的三要素可归纳为环境、织物和人体。环境要素包括气温、相对湿度、气流、辐射；织物要素包括功能特征（隔热性能、蒸发性能、换气作用）和结构特征（厚度、重量、比表面积）；人体要素包括新陈代谢、体表温度等。

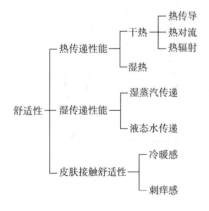

图4-3 纺织品舒适性的分类

4.1.3 舒适性分类

纺织品舒适性可分为热传递性能、湿传递性能及皮肤接触舒适性（图4-3）。织物的热湿传递性能是指织物在人体与环境的热湿传递间维持和调节人体体温稳定、微环境湿度适宜的性能。皮肤接触舒适性是皮肤与织物接触时的触觉舒适程度，包括粗糙、刺痒、刺痛、瞬时冷暖感等。织物的热湿传递性能是舒适性中最基本、最核心的内容之一，因此本章将重点介绍基于织物热湿舒适性设计保暖织物、防水透湿及吸湿排汗织物的原理及方法。

4.2　纺织品保暖性设计原理及方法

人们很早就知道利用动物毛皮来保暖，进入农耕文明时代后，人们掌握了棉花的种植，大大解决了保暖材料来源不足的问题。自工业革命以来，特别是近几十年来化学合成纤维的大发展，出现了中空纤维、异形纤维、调温纤维等，在织物保暖性研究方面取得了长足的进步[5]。

根据传热机理不同有三种基本方式：热传导、热对流和热辐射。热传导简称导热，是由于温差通过物质分子间物理相互作用造成能量的转移。热对流是不同温度的流体质点在运动中发生的热量传递，包括自然对流和强制对流。热辐射是靠电磁波传递能量，热辐射只有高温物体才比较明显，人体与空气之间的热辐射可以忽略。如果皮肤和空气直接接触，则属于热对流。热对流效果强于热传导。因此穿着服装后，在人体—织物—环境之间，相当于中间增加了导热层或绝热层，热量从身体流向环境的阻力增大。人是恒温动物，要将温度保持在一个恒定的范围之内，就必须要经历各种产热、散热的过程，而人体本身就是一个不断产生热量的机体。因此保暖性能即是织物的隔热性能，是导热性能的相反描述。织物的保暖性就在于织物需要降低热量从人体中流失的速率。

织物为多孔性材料，在纱线与纱线之间、纱线内纤维之间以及纤维内部都存在着大量孔隙，因此织物的保暖性实际上是纤维、空气和水分等共同作用，因此一般测得的织物的导热系数是纤维、空气及水分混合物的导热系数。下面首先明确保暖性的表征指标及其基本概念。

4.2.1　保暖性表征指标及其基本概念

（1）导热系数 λ。即当织物厚度为 1m，织物两面间温差为 1℃时，1s 内通过 1m² 织物的热量［单位为 W/(m·℃)］。导热系数 λ 越大，织物的导热性越好，而保温性越差。导热系数与材料的组成结构、密度、含水率、温度等因素有关。非晶体结构和密度较低的材料，导热系数较小。材料的含水率和温度较低时，导热系数较小。

（2）热阻 R。R 代表织物对热流传导的阻碍能力，与传导路径长度 L 呈正比，与通过的截面积 S 呈反比，与材料的导热系数 λ 呈反比。热阻的国际单位是℃/W。热阻值越大，织物的阻热性能和隔热性能越高，保暖性越好。热阻值计算公式见式（4-1）：

$$R = \frac{L}{\lambda S} \qquad (4-1)$$

式中：λ 为导热系数；L 为材料厚度；S 为传热面积。

（3）保暖率 T。热体包覆试样前后单位时间内的散热量变化率，也称为绝热率，计算公式见式（4-2）：

$$T = \frac{Q_1 - Q_2}{Q_1} \times 100\% \qquad (4-2)$$

式中：Q_1 为包覆试样前保持热体恒温所需热量；Q_2 为包覆试样后保持热体恒温所需热量。T 值越大，说明织物保暖效果越好。

（4）克罗值 CLO。在室温 20℃，相对湿度小于 50%，气流不超过 10cm/s（无风）的条件下，一个人静坐不动，能保持舒适状态，此时所穿衣服的热阻为 1 克罗值。

克罗值越大，隔热保暖性越好。克罗值与热阻的换算关系见公式（4-3）：

$$1CLO = 0.155（℃ \cdot m^2/W）\tag{4-3}$$

$$1℃ \cdot m^2/W = 6.45CLO\tag{4-4}$$

服装的热阻通常为纺织材料层、纺织材料之间的空气层、材料与皮肤之间空气层等总体的热阻，常用服装的克罗值见表 4-1。

表 4-1　常用服装的克罗值

种类	衬裤	长裤		短袖衬衣		长袖衬衣	
克罗值	0.05	0.26（薄）	0.32（厚）	0.14（薄）	0.25（厚）	0.22（薄）	0.29（厚）

（5）传热系数 K。即当热冷两流体之间温度差为 1℃ 时，在 1h 内通过 1m² 传热面积，由热流体传给冷流体的热量，单位为 W/(m²·℃)。

导热系数是描述物质物性的物理量，即用来描述一个物体的导热性能，而传热系数不能，它会随着不同的外界条件发生变化，如温度、流速、流量等。同样的材料，导热系数是一个不变的数值，热阻值是会随厚度发生变化的。同样的材料，厚度越大，可简单理解为热量通过材料传递出去要走的路程越多，所耗的时间也越多，效能也越差。导热系数一般是针对热传导而言，传热系数则将热传导、热对流和热辐射三种基本方式一并考虑。因此传热系数和导热系数是不同的概念，在广义上，导热系数是按材料 1m 厚测得的。热阻与材料厚度呈正比，与传热系数呈反比，导热系数除以厚度可得传热系数。

4.2.2　织物保暖性的影响因素及设计原理

如前所述，在传统意义上织物保暖性即隔热性的原理在于织物能够降低人体与外界的冷空气交换热量的速率。

传热基本方程见公式（4-5）：

$$Q = KA\Delta T = \frac{\Delta T}{R}\tag{4-5}$$

式中：Q 为单位时间内传递的热量，即传热速率（W）；K 为传热系数；A 为导热面积（m²）；ΔT 为人体与环境之间的温度差（℃）；R 为热阻（℃/W），热阻具有加和性，也就是总的热阻等于各个热阻的数学加和。

因此根据传热基本方程可知，如果要降低 Q，则需要增加织物的热阻，选择导热系数较小的材料。采用导热系数小的材料（如羽绒），在衣服上易形成一层不容易对流的空气层，即静止空气，静止空气越多，隔热效果越好，也就是保暖效果越好。

更积极的保暖方法是织物本身能够产生热量，如自发热和反射发热等，从而减小织物与人体之间的温度差，降低传热速率。自发热有电致发热、红外发热、吸光发热和吸湿发热等。吸湿发热的原理是纤维分子和水分子相互吸引而结合，水分子的动能降低而被转化为热（能）量释放出来。反射发热是指人体产生的热量可以反射回人体，进而使人体感到温暖，如采用石墨烯膜、反射膜等。

依据上述原理，本节将从纤维、纱线及织物三个层级分析影响织物保暖性的因素。

4.2.2.1 纤维种类及结构

纤维的导热系数越大，则导热性越好，隔热（保暖）效果越差。常用纺织材料的导热系数见表4-2。从表中可以看出，羽毛的导热系数最小，其次为毛毡。而在所有材料中，静止空气的导热系数最小，是最好的热绝缘体。由于摩擦吸附作用，在每一根纤维的周围都存在一层非流动的空气，称作静止空气。当纤维排列和热流方向平行时，导热系数主要取决于纤维；当纤维排列方向和热流方向垂直时，导热系数主要取决于静止空气层。此时，静止空气起到保暖的作用。因此织物的保暖性主要取决于纤维层中夹持的静止空气的量。静止空气的量越多，织物保暖性越好。但如果纤维层间的空气发生流动，保暖性则显著下降。如前所述，织物为纤维、空气等的混合体，因此导热系数不仅和纤维有关，还和纤维层间的空气量有关。试验表明，纤维层的体积重量在 $0.03 \sim 0.06 g/cm^3$ 时，纤维层的导热系数最小，保暖性最好。水的导热系数比常用纺织材料的导热系数要大得多，因此随着纤维含湿量的增加，织物的导热系数将增大，保暖性下降。

表 4-2 常用纺织材料的导热系数（室温 20℃下测量）

材料	导热系数/[（W/(m·℃)]	材料	导热系数/[（W/(m·℃)]
棉	0.071~0.073	涤纶	0.084
羊毛	0.052~0.055	腈纶	0.051
蚕丝	0.05~0.055	丙纶	0.221~0.302
黏胶纤维	0.055~0.071	氯纶	0.042
醋酯纤维	0.050	毛毡	0.041
锦纶	0.244~0.337	羽毛	0.024
水	0.679	空气	0.0234

除了纤维种类不同，导热系数不同外，纤维的一些物理性能也会通过静止空气量的多少对织物保暖性产生影响。例如，比重小的纤维，因内部结构疏松含有较多静止空气，隔热值大，保暖性好，如图4-4所示的中空纤维保暖层，每根纤维内部都可夹有大量静止空气。采用异形纤维可增加织物的多孔设计，改善织物蓬松度，增加静止空气量，图4-5为细旦异形腈纶德绒纤维横截面结构，截面呈哑铃形，可以保留更多的静止空气，从而达到保暖效果，织物蓬松度比其他同类产品高10%。纤维的外观形态也会对保暖性产生影响，卷曲的纤维如羊毛、羊绒织物等，纤维间孔隙多，空气量多，保暖性好；较细的纤维如羽绒、某些超细纤维等，比表面积大，静止空气量也多，故保暖性好。

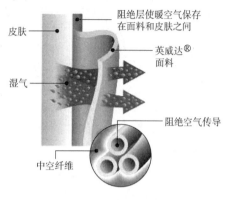

图 4-4　中空纤维保暖层

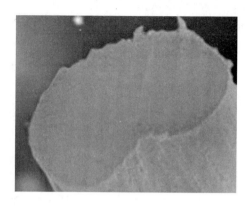

图 4-5　德绒纤维横截面结构

4.2.2.2　纱线结构

依据静止空气原理，纱线具有屈曲结构或多毛羽的结构，有利于静止空气的保留，使其具有更低的导热系数，如图 4-6 所示。这也是短纤维纱线比长丝纱线具有更好保暖性能的原因。在纱线的混纺组分上通常采用具有蓄热能力的纤维和回潮率较高的纤维。蓄热纤维如异形截面纤维、中空纤维、膨体纤维、表面具有沟槽的纤维，能使纱线储存足够多的静止空气，降低纱线的热传导系数。回潮率较高的纤维则能够提高纱线的吸湿发热性能。另外，在纱线的后处理工艺上通常采用碱减量的方法，比如使聚酯纱线拥有凹槽及不均匀的表观结构，使其吸附更多的静止空气。

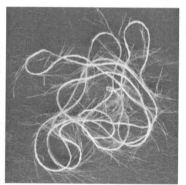

图 4-6　带有屈曲结构或多毛羽的纱线

4.2.2.3　织物结构

从织物厚度的角度来讲，通常情况下织物厚度增大，隔热性能增加，织物厚度与其热阻呈良好的线性相关。有研究表明，对于单层织物，厚度增大后，织物与人体之间的静止空气层也增厚，保暖效果也变好；但是厚度大于 2.5mm 时，保暖效果随厚度的增加变化不明显，织物太过厚重还会给行动造成不便。综合考虑舒适性和保暖性，织物厚度选择在 2.1 ～ 2.5mm 比较好[6]。因此可设计较为厚重的织物、双层甚至多层织物来增加织物的保暖性。图 4-7 为双层接结织物，在双层接结织物之间有接结纱线相连，接结纱线稀疏且蓬松，含有大量静止空气。

图 4-7　双层接结织物

从织物组织的角度来分析，对于三原组织来说，在其他条件相同时，平纹织物最硬挺、最薄，斜纹织物次之，缎纹织物最松软、最厚，保暖性最好。可以用平均浮长来比较同线密度经纬纱线经纬密度相同时织物的松紧程度。织物组织的平均浮长是指组织循环数与一根纱线在组织循环内交叉次数的比值。平均浮长越大，织物越松软，保暖性越好［式（4-6）］。

$$F_\text{j} = \frac{R_\text{w}}{t_\text{j}}, \ F_\text{w} = \frac{R_\text{j}}{t_\text{w}} \tag{4-6}$$

式中：F_j，F_w 为经纬纱线的平均浮长；t_j，t_w 为在一个组织循环内的经纬纱线的交叉次数。纱线由沉到浮或由浮到沉，形成一个交叉。对于原组织来说，$t_\text{j} = t_\text{w} = 2$。

如图 4-8 所示的 1/3 右斜纹和 5 枚 3 飞经面缎纹，其平均浮长分别为 $F_\text{j} = F_\text{w} = \dfrac{4}{2} = 2$；

$F_\text{j} = F_\text{w} = \dfrac{5}{2} = 2.5$。5 枚 3 飞经面缎纹更为松软。

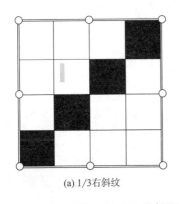
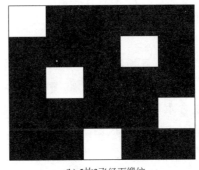

(a) 1/3右斜纹　　　　　　　　　　(b) 5枚3飞经面缎纹

图 4-8　1/3 右斜纹和 5 枚 3 飞经面缎纹织物组织图

图 4-9 所示为绒面及粗糙表面的织物。从织物表面形态来讲，光滑的织物表面，纤维排列得很整齐，聚集非常紧密，空气层含量少，且织物体积质量大。控制原料量一定，蓬松的织物更厚；相同厚度的织物比较，蓬松的织物穿着更轻便。此外，织物蓬松度大，所能夹

持的静止空气量也更多，保暖性会更好。表面结构粗糙、蓬松、多绒毛，会使得面料与人体之间形成较大的静止空气层，保暖作用增加，因此可采用平绒、灯芯绒等绒面组织进行织物设计来增加织物的保暖性。织物的弹性好，保暖性能稳定。

(a) 绒面织物

(b) 粗糙表面的织物

图 4-9　绒面及粗糙表面的织物

从服装穿着的角度来分析，如果多层穿着，则会增加保暖效果。在人体—织物—环境系统内，首先是内层衣服与皮肤之间热传导，当内层衣服温度升高后会与外层衣服或与外衣之间的空气层发生热传导。衣服层数越多，就像串联电阻一样，总的热阻是各层织物热阻之和，总的热阻越大，两层衣服热量传递计算公式见式（4-7）：

$$Q = \frac{\Delta T}{R} = \frac{\Delta T}{R_1 + R_2} = \frac{\Delta T}{\dfrac{1}{K_1 A_1} + \dfrac{1}{K_2 A_2}} \tag{4-7}$$

式中：R_1 和 R_2 分别为内层和外层织物的热阻；K_1 和 K_2 分别为内层和外层织物的传热系数；A_1 和 A_2 分别为内层和外层织物的导热面积。

如果两层织物的传热系数不同，那么将传热系数比较小的织物穿在内层会比较保暖，这是因为，由于导热面积的影响（$A_2 > A_1$），将传热系数比较小的织物穿在内层比穿在外层所计算出的 Q 值小，也就是更隔热。

4.2.2.4　环境条件

除了织物本身，环境条件也会对织物保暖性产生影响。在温度不同时，织物导热系数不同，温度高时，导热系数稍大；空气中相对湿度较大时，织物含水量过大，其导热性增大，保暖性下降，这是因为水的导热系数相对较大；风速大时会降低服装的保暖性，因为此时织物内静止空气量减少，织物边界的空气层厚度减小。如图 4-10 所示，过于稀疏蓬松的织物虽然空气量大，但流动时也将热量散失，所以作为外衣穿着时保暖性并不高。大气压力也会对织物导热性产生影响，大气压力降低，织物的导热性会下降，保暖性提高。如在高原地区和高空，由于大气压

图 4-10　过于稀疏蓬松的织物

力降低，空气密度变小，织物的导热性就会下降，保暖性提高。

4.2.2.5　人体状态

人体在运动时，相对风速大，产生空气层中的强迫对流，使保暖性降低。如果人体运动时出汗，则会进一步增加织物的导热系数，但织物吸湿后纤维变粗，织物孔隙变小，蒸发散热能力降低，保暖性又会提高。而当人体穿着宽松的服装时，衣服内空间较大，各开口处易出现服装内外热冷空气的自然对流，即"烟囱效应"，则会降低保暖性。

综上所述，可以看出织物结构、环境条件及人体状态等都会对织物的导热性产生影响。通过分析织物保暖性的影响因素，可知保暖性设计原则就是使织物的总热阻增加，即保证织物内含有尽可能多的静止空气。因此，开发保暖面料，需要选择导热系数小和静止空气含量多的纤维结构及其纱线结构，织物组织结构一般要求紧密而不致密，克重中等偏厚，再辅以适当的磨毛、刷毛加工，在改善面料手感的同时，提高面料的蓬松度及储存空气的能力，从而提升织物的保暖性能。

4.2.3　保暖织物设计实例分析

4.2.3.1　单层组织织物

谢恺等[7]利用圆纬机编织鱼鳞布，开发了远红外涤纶/维勒夫特（Viloft）/氨纶保暖功能面料。图4-11为织物外观图及编织图，面纱为涤纶远红外纱线与涤纶三角亮光丝以三隔一方式织造，毛圈面为保暖性纤维素纤维维勒夫特（Viloft），同时加入氨纶，赋予织物一定的弹性，并将织物进行刷毛整理。这样设计的织物保暖而不厚重，适合作针织内衣冬季用面料。

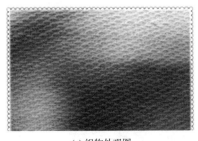
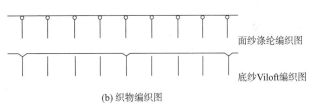

（a）织物外观图　　　　　　　　　　（b）织物编织图

图 4-11　织物外观图及编织图[7]

图 4-12　牛角瓜植株果实

饶良魁[8]等采用水晶棉纤维进行保暖织物的结构设计和性能研究，水晶棉纤维是牛角瓜植株的果实（图4-12）中经过去籽，而得到的一种天然植物纤维。图4-13为水晶棉纤维、木棉纤维及棉纤维的横截面对比图，可以看出水晶棉纤维中空度到达90%以上，和木棉纤维类似。水晶棉纤维长度比木棉纤维长，可纺性能比木棉纤维好，但拉伸性能仍低于棉纤维，需要混纺使用。水晶棉混纺纱的断裂强力和断裂伸长率低于纯棉纱。本项研究中采用的棉纤维/水晶棉纤维混纺比为70/30。

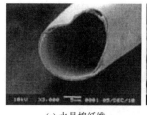  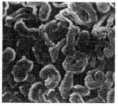

(a) 水晶棉纤维　　　　　　　　(b) 木棉纤维　　　　　　　　(c) 棉纤维

图 4-13　纤维横截面对比图

根据水晶棉纱线的特点，机织物选用平纹组织和斜纹组织，这两种组织是实际生产中最常用的组织结构，而且在织造时，综框使用少，对纱线的磨损较少。水晶棉纤维为中空结构，质地轻盈，因此希望织物的密度不要太大，织物厚度也不要太大。针织产品设计时，选用的组织结构为双罗纹组织和空气层组织。针织物要柔软，质地蓬松，这样才能充分发挥水晶棉纤维中空保暖的特性。因此，水晶棉针织物密度要适当提高，织物要厚实蓬松。机织物的上机规格参数见表 4-3[8]。

表 4-3　机织物的上机规格参数[8]

织物组织	幅宽/cm	经纱×纬纱/英支	经密×纬密/（根/10cm）	总经根数	公制筘号	穿筘	经向缩率/%	纬向缩率/%
平纹	40	32×32	300×248	1200	140	2	9.4	7.07
2/1 斜纹	40	32×32	320×230	1280	100	3	8.0	5.37

公制筘号的计算见公式（4-8）：

$$N_k = \frac{P_j}{b_d} \times (1 - a_w) \tag{4-8}$$

式中：N_k 为公制筘号（齿数/10cm）；P_j 为经密，a_w 纬向缩率，b_d 为经纱一筘穿入根数。

总经根数的计算见公式（4-9）：

$$m = \frac{P_j}{10} \times w_f \tag{4-9}$$

式中：m 为总经根数；w_f 为织物幅宽（cm）。

图 4-14 为不同机织物的保暖率。从图 4-14 可知，平纹水晶棉的保暖率比平纹棉织物小，但要考虑到经纬密，平纹棉织物的经密比平纹水晶棉大。故两者的保温性仍有待进一步的确定。斜纹水晶棉的保暖率比斜纹棉织物高 10%，CLO 值也大 43%，说明斜纹水晶棉的保暖性好于斜纹棉织物。斜纹水晶棉的保暖性几乎是平纹水晶棉的 2 倍，说明改变组织结构能显著增加水晶棉织物的保暖性。从纤维特性上来分析，水晶棉纤维因其中空程度高达 90%以上而有着明显的保暖性；从织物结构上来分析，织物的保暖性主要取决于织物所保持的静态空气的量，而水晶棉纤维的大中腔内会保留大量的空气，这有利于水晶棉织物的保暖性。

针织物组织结构如图 4-15 所示，双罗纹组织是由两个罗纹组织彼此复合，即在一个罗纹组织线圈纵行之间配置另一个罗纹组织的线圈纵行而成。延伸性、弹性与脱散性均小于罗

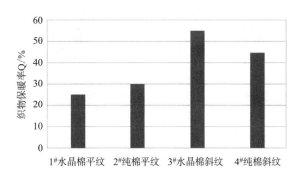

图 4-14　不同机织物的保暖率[8]

纹组织，且圈距减小，布面紧密，不卷边、不歪斜，织物较为厚实。双罗纹空气层组织是由双罗纹组织和平针组织复合而成，这种组织的特点是平针线圈横列分别处在针织物两面，形成筒状的空气层，因此，织物比较紧密、厚实，横向延伸性小，尺寸稳定性好，具有横条纹效应。结果表明，水晶棉双罗纹的保暖率比双罗纹棉织物的保暖率大，水晶棉空气层的保暖率比棉空气层的保暖率大，这说明水晶棉针织物的保暖性能要优于棉针织物的保暖性能。通过对双罗纹织物和空气层织物的比较，可以发现，无论是水晶棉织物还是棉织物，空气层组织织物的保暖性能都要优于双罗纹织物的保暖性能。由于空气层组织与双罗纹组织之间的结构差异，在空气层组织中可滞留更多的空气。因此，可以使用空气层组织来开发水晶棉保暖织物，从而充分发挥水晶棉纤维中空度很大的特性。由此可知，采用保暖性的纤维、优化组织结构设计将会有效提高织物的保暖性能。

(a) 双罗纹组织　　　　　　　　　　　(b) 双罗纹空气层组织

图 4-15　针织物组织[8]

4.2.3.2　双层及多层组织织物

刘涛[9]等采用双层织物设计填充式保暖织物来解决因为缝纫针眼产生的羽绒钻绒现象。该研究采用单层组织和双层组织进行组合设计，然后改造织机在双层分离部分填充羽绒，形成微胞（图 4-16）。

在织造单层织物时采用方平组织，双层组织采用平纹为基础组织，如图 4-17 所示，实验织造的纬纱采用直径为 0.17mm 的涤纶单丝，经纱采用 50 英支/2 的涤纶纱线，经向紧度为 85%，纬向紧度为 45%，总紧度为 91%。经纱排列密度为 480 根/10cm，织单层时纬纱密

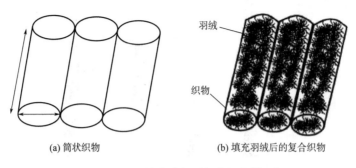

(a) 筒状织物　　　　　(b) 填充羽绒后的复合织物

图 4-16　填充式保暖复合织物[9]

度为 270 根/10cm，织双层时纬纱密度为 540 根/10cm。结果表明，在相同的羽绒填充量下，随着微胞排列密度增大，存在最佳的微胞排列密度，使厚度达到最佳，羽绒的蓬松度和静止空气的含量达到最优。填充羽绒量对织物的保暖性影响呈先增加后减小的趋势。

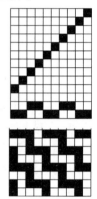

纤维集合体的蓬松性能是影响集合体保暖性能的最重要因素，蓬松性是集合体中纤维与纤维之间相互作用的一种表现形式，反映了纤维在轻压条件下的蓬松和抗压缩能力。蓬松性直接决定纤维集合体内能够容纳的气体量，低密度纤维集合体的保暖机理主要是依靠增加内部气体量来降低热传导，因此蓬松性越好，纤维集合体的保暖性越好。羽绒内部含有大量的结构基本相同的小纤维，彼此间产生一定的斥力，使羽线具有很高的蓬松性。羽绒纤维集合体的蓬松性最好，是羊毛、棉等纤维的 3~5 倍，有利于集合体容纳大量的空气。但羽绒保暖性并不是一直随着填充量的增加而增加，而是有一最佳填充量，当超过最佳填充量后保暖性能会有一定程度的下降。因为羽绒含量增加，一定空间内压缩作用使静止空气含量减少，羽绒接触增加、导热增强，而静止空气的热传导系数小于羽绒的，故羽绒含量增加反而造成羽绒织物的保暖性能下降，所以有必要寻找出最佳的羽绒填充量[9]。

图 4-17　筒状织物双层分离部分的织物组织及上机图[9]

王慧玲等[10] 开发了兼具保暖及装饰性的三层织物，该面料具有两组经纱与三组纬纱，经纱采用精梳棉，纬纱两组采用精梳棉，一组采用 Coolmax® 网络丝。该研究采用一次成型工艺，运用特殊的花型设计与特殊的组织配合，生产出局部三层立体结构的保暖面料，保暖织物的花型及组织图如图 4-18 所示。一个完整的花型包括 4 个基块，橙色基块 1 与蓝色基块 4 为主要的保暖区域，在这两个区域，Coolmax® 网络丝蓬松度均匀地分布在两层组织中间，形成较大的中空环境，能够最大限度地容纳空气，形成保暖层；绿色基块 2 为小提花部分，用以固结织物，同时能够增强织物的装饰性；黑色线条基块 3 为纬间丝点，用于压抑一根经纱，改变其浮沉规律，使相邻的两个基块达到换层的效果。成品效果如图 4-18（f）所示。

4.2.3.3　非织造布

非织造布保暖材料最常见的是保暖絮片，通常采用的纤维为差别化异形保暖纤维，如卷曲的中空纤维，还有红外类、导电类、相变类保暖纤维等，采用干法成网，经喷洒固网或热熔黏合固网制成，如喷胶棉、定型棉、无胶棉等，特点是质轻，蓬松度好、弹性好、保暖效果佳、可湿洗或干洗、成本低，因此非织造布多孔材料在轻薄保暖领域具有广阔的应用前景[11,12]。

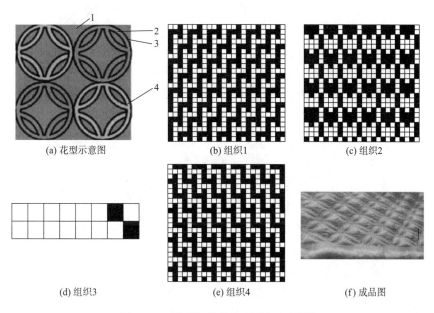

| (a) 花型示意图 | (b) 组织1 | (c) 组织2 |
| (d) 组织3 | (e) 组织4 | (f) 成品图 |

图 4-18　保暖织物的花型及组织图[10]

石磊[13] 采用侧面吹入装置，制备了混杂 PET 卷曲短纤维、远红外短纤维、导电短纤维的熔喷复合保暖材料，通过对其纤网形态结构、蓬松度、压缩回复性和保暖性能的研究，充分利用短纤维在纤网中骨架纤维的作用，有效地提高了熔喷非织造布保暖材料的抗压缩性能，兼顾了目前保暖絮片结构中存在的持久保暖性能和压缩弹性的问题，并获得了具有功能性的保暖材料。分析测试结果表明，PET 卷曲短纤维混杂熔喷复合保暖材料的蓬松度高出普通熔喷保暖材料 1.1 倍，远红外短纤维混杂熔喷复合保暖材料的远红外发射率为 80%，具有远红外保健功能。

李梦茹等[14] 基于柞蚕茧层微结构进行了仿生复合保温纺织品的设计。蚕茧层是由丝胶黏结的连续的三维非织造结构，且为多层复合材料。如图 4-19 所示，外层的纤维较粗且排列稀疏，孔隙大且多，越向内层的柞蚕丝越细，孔隙越小且少，最内层的蚕茧具有致密的微观结构和更好的力学性能，能增加蚕茧抵抗外部袭击的能力。纤维纵向表面不光滑，附着密密麻麻的块状草酸钙晶体，内层较少，外层和中间层相对较多，中间层的草酸钙晶体的数量多，且在纤维间交叉的缝隙里堆积得最多。草酸钙晶体的存在使蚕茧硬度提高，对抗日晒、抗水性和蚕茧内 CO_2 的排放有利，提高了热稳定性、防风性、隔热性。该复合多层结构可为柞蚕提供多重保护，免受辐射、湿气、病菌和捕食者的侵袭。

为模仿上述蚕茧结构，以丙纶非织造布仿柞蚕茧层中丝形成的多孔非织造结构，以明胶、草酸钙晶体均匀混合体仿柞蚕茧层中的丝胶结构，最终形成了类柞蚕茧层微结构的仿生复合纺织品。对此仿生复合纺织品的测试结果表明，该仿生复合纺织品具有一定的透气性、吸湿性和保温性能，并且其内部微气候呈无规律分布状态。随着颗粒状草酸钙晶体的含量增多，仿生复合纺织品厚度无明显变化，但保温率和克罗值均明显上升，说明仿生复合纺织品的保暖性好。

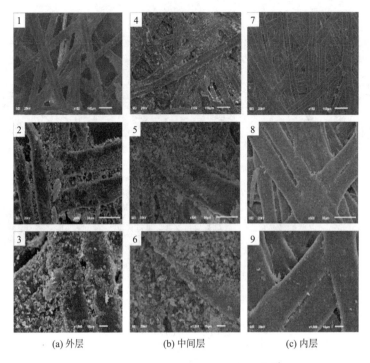

(a) 外层   (b) 中间层   (c) 内层

图 4-19 柞蚕茧层的微观结构图[14]

4.2.3.4 产业用纺织品的保暖性能设计

除了服用纺织品外，对于一些产业用纺织品如冬季立体帐篷织物等，也需要具有一定的隔热保暖性能。张磊[15] 采用 556dtex 涤纶长丝为基本原料，开发了以三种组织，即两透孔一平纹（织物 1）、一透孔两平纹（织物 2）、三平纹（织物 3）为基础的新型篷盖用立体织物。选用平纹组织和透孔组织的原因在于：平纹组织紧密，在三层立体帐篷织物中，平纹组织用于内层，使帐篷内的热量不会大量散失，若中间层也是采用平纹，是利用其强力好、结实、挺括的特点起到支撑作用形成中间层的空间通孔。透孔组织的孔眼效应能增大织物的透气效果。测试结果为：织物 2 和织物 3 的保暖性能优于织物 1，这是因为平纹组织中纱线排列比较紧密，孔隙小，织物中间层留有的静止空气多，织物的传热性能弱，保暖性能强。

4.2.3.5 后整理

除上述织物结构设计外，也可通过表面涂层处理使纺织品具有更好的保暖效果。通过高折射系数的涂层可使织物表面变成良好的辐射反射体，减少人体热量的散失。同时涂层整理后增加了对流通道的曲折程度，减少了热对流对热量的传递，所以涂层等于封死了热量直接通过织物通道的散失，消除了织物多孔的致命弱点。所以表面涂层会使织物整体的热转移在单位时间内大幅下降，因此涂层整理在开发轻薄高保暖性织物中可发挥极大的作用[9]。

抓毛摇粒绒织物是冬季常见的户外服装保暖织物，是对反包毛圈织物正面（毛圈面）进行拉毛、起球、摇粒，并对反面进行疏稀拉毛后整理，经加工整理后正面摇粒绒毛蓬松密集而不易掉毛，反面绒毛疏稀匀称、绒毛短小、组织纹理清晰、蓬松弹性好。抓毛摇粒绒织物保暖层由三层组成：一是织物反面绒毛层，一定高度的绒纱与绒纱之间、纱线中纤维之间形成的间隙夹持了大量的静止空气；二是织物的组织层，绒纱与地纱之间、地纱与地纱之间、纱线中纤维之间形成的间隙夹持了大量的静止空气；三是织物正面摇粒层，一方面高度较高的绒纱与绒纱之间、纱线中纤维之间形成的间隙夹持了大量的静止空气，另一方面摇粒工艺使得由毛圈形成的较高毛绒缠结成一定大小的颗粒状，每一个微小颗粒都形成一个密闭空间，含有相对静止的空气，减少了纤维中热对流形式的热传递。因此，要有效提高抓毛摇粒绒织物保暖性就应该提高织物绒毛高度和增大摇粒的尺寸[16]。

4.2.4　新型保暖材料的应用

气凝胶保暖纤维是近年来出现的一种新型功能性纤维，其以涤纶为载体，在纺丝液中加入气凝胶粉体。气凝胶是由胶体粒子或高聚物分子相互聚集构成纳米多孔网络结构，并在孔隙中充满气态分散介质的一种高分散固态材料，其固相和孔隙结构均为纳米尺度，是湿凝胶干燥过程中将其中的液体成分替换成气体而仍然保持其凝胶网络的三维多孔纳米材料。气凝胶的形态虽然是固体，但组成中 96% 以上是气体，密度可低至 $3mg/cm^3$，仅是空气的 2.75 倍，其重量极轻且呈半透明状；气凝胶孔隙率可达 80%~99.8%，常温下的导热系数最低为 $0.013W/(m \cdot K)$。因此气凝胶具有比表面积大、孔隙率高、密度低、导热系数低等特点[17,18]。但气凝胶片层透气性差，需要将气凝胶片层扎孔或与纤维絮片材料复合，来提升气凝胶保暖服装面料的吸湿透湿性及穿着舒适性。

除了通过隔热方式来增加保暖性能之外，随着新型材料的出现和发展，人们开始探索积极的产热保暖方式。现有的积极产热保暖主要依托光能、电能、化学反应、相变材料的晶态变化以及吸湿发热来进行。发热纤维类型具体包括远红外发热纤维、电发热纤维、化学反应发热纤维、吸湿发热纤维、相变调温纤维等。其中，远红外发热纤维通过在纤维制备过程中加入远红外线吸收物质（如金属氧化物等）制成，能储存和吸收来自太阳光及人体散发的热量，并向人体辐射远红外线，使人体体温升高 2~4℃；电发热纤维一般是含有电热材料组分的复合纤维；化学反应发热纤维通过加入化学物质，利用放热化学反应将化学能转化成热能；吸湿发热纤维则可在吸收人体释放出的水分后将其转化成热能释放出来[19]。此外，相变调温类型的纤维通过添加相变材料来实现人体温度的动态平衡，在保暖纺织品领域中也有应用。

对比其他积极发热方式，吸湿发热纤维更加环保，不需要其他附加能源，即可实现自身发热，且不受时间、场所的限制，洗护性能也更加优秀。目前根据吸湿发热纤维的来源可将其分成天然、合成与复合型吸湿发热纤维。天然吸湿发热纤维回潮率较高，如羊毛、棉纤维，其中羊毛的吸湿积分热为 112.6kJ/g，在天然纤维中较好；合成纤维要进行亲水改性处理。

吸湿发热机理主要分为两种，一是当纤维吸湿时，水分子与纤维中的亲水基团以氢键的形式结合，水分子由动态转化为静态，动能转化为热能；二是热化反应，纤维吸收的气态水分子转化为液态水分子，释放出热量。当人体静坐时，皮肤的平均温度为 33.4℃ 时，当任一部位的人体皮肤处于 30.4~36.4℃ 的温度范围内，人体无明显的冷暖感，但当人体表面平均温度与平均皮肤温度相差 ±4.5℃ 时，人体产生明显的冷暖感。据相关研究发现，人体在静坐时，通过皮肤向外界释放的潜汗为 $15g/(m^2 \cdot h)$；人体在运动时，通过皮肤向外界排出潜汗和显汗共约 $100g/(m^2 \cdot h)$，而吸湿发热纤维能够很好地运用到这一部分汗液并转化为热量，用于人体自身保暖，有效地避免湿冷或闷热的人体——服装内环境的出现。近年来，我国关于发热保暖面料相关的专利逐渐增加，红豆、三枪、南极人等品牌均推出吸湿发热针织内衣，吸湿发热面料市场逐年增加[19]。

4.2.5 小结

本节介绍了织物保暖性的基本概念、表征指标、影响因素及设计原理和方法，并以具体的案例分析了这些方法的应用及原理的具体实施。在消极保暖方面，主要通过降低热传导（如羽绒）、防风（如超细纤维高密织物）、远红外反射和辐射（如远红外纤维的应用）来实现；在积极保暖方面，简要介绍了电能、化学能、太阳能向热能的转换，利用物质的相变热以及吸湿发热纤维的简单应用。当前服用保暖材料的使用仍以消极保暖为主，如棉絮、羊毛和羽绒依然占很大市场份额，另外，中空纤维和超细纤维絮料和防风层压织物的应用已成主流。但消极保暖方式容易导致服装过于厚重，在保证足够的保暖量的前提下减轻织物重量具有积极意义，而积极保暖材料在这方面具有突出的优势，有广阔的应用前景。未来保暖服装的发展趋势就是轻便、舒适和保暖，再附以多功能性，如抗菌、防螨等。

4.3 纺织品防水透湿设计原理及方法

织物的透通性是指织物对粒子导通传递的性能，粒子可包括气体、湿气、液体，甚至光子、电子等。透通性如透气、透湿、透水等是织物独特的性能，这些性能使织物在应用方面具有独特的优势。而织物能够透气、透湿、透水的根源在于织物的孔隙结构，包括纤维内的空腔（横向尺寸 $0.05 \sim 0.6 \mu m$）、原纤间的缝隙（横向尺寸 $1 \sim 100 \mu m$）、纱线内纤维间的缝隙孔洞（$0.2 \sim 200 \mu m$，大部分在 $1 \sim 60 \mu m$）、纱线间的缝隙孔洞（横向尺寸一般在 $20 \sim 1000 \mu m$）。织物内的孔洞分为直通孔洞和非直通孔洞。

4.3.1 透气、透湿、透水性及其影响因素
4.3.1.1 透气性

气体分子通过织物的性能称为透气性，是织物透通性中最基本的性能。影响织物透气性的因素，本质上与织物的孔隙大小及连通性，通道的长短、排列及表面性状，织物的体积分数、厚度等有关。主要与织物中孔隙大小与分布有关。当织物孔隙分布变异较大时，织物透气性更多地取决于大孔径孔隙的多少；只有当孔隙分布均匀时，才取决于平均孔径。

（1）纤维性质的影响。纤维吸湿后会因为溶胀对织物透气性产生影响。如毛织物随回潮率的增加，透气性显著下降，大多数异形纤维织物比圆形截面纤维织物具有更好的透气性。纤维长度越短，刚性越大，产品毛羽的概率越大，形成的阻挡和通道变化越多，故透气性越小。

（2）纱线结构的影响。在一定范围内纱线捻度增加，纱线变细，织物透气性提高。

（3）织物结构的影响。织物经纬密度增加，透气性下降。就织物组织而言，平纹组织<

斜纹组织<缎纹组织<多孔组织。在织物紧度不变的情况下，纱线线密度降低，织物密度增加，透气性降低。通常织物在后整理后，透气性降低。

（4）环境条件的影响。在不同空气相对湿度条件下，纤维的吸湿性不同，从而影响织物的透气性。比如，在湿度相对较高时（如 50%～80%），羊毛织物透气性下降 2%～3%，棉织物透气性下降幅度可达 4%～5%。而对于不吸湿的纯化纤织物，相对湿度的影响则相对较小，如在相对湿度为 50%～70%时，透气性降低 0.66%；而在相对湿度在 70%以上，因为毛细效应，透气性下降的速度增快。

4.3.1.2　透湿性

织物透湿性也称为透汽性，是指水汽也就是气相的水通过织物的能力。当织物两边存在一定湿度差时，水汽从相对湿度高的一侧传递到相对湿度低的一侧。透湿性可以用透湿率来评价，透湿率是指在覆盖有织物试样的盛水容器中，单位时间内透过单位面积试样排放出来的水汽量。

（1）织物传递水汽的途径。

①汽—汽。水汽直接通过织物孔隙传递。

②汽—液—汽。纤维自身吸湿，纤维表面及内部孔洞凝结，然后因芯吸效应，在织物外表面蒸发。

③液—汽。液态水分子与织物接触，然后通过芯吸作用传递到织物外表面后蒸发。

人体汗液的传递途径就是上面三种。在人体静止时，无感出汗量约为 $15g/(m^2 \cdot h)$，汗液传递途径以汽—汽传递为主，汽—液—汽传递为辅；在热或剧烈运动时，人体出汗量为 $100g/(m^2 \cdot h)$，汗液传递途径以液—汽为主，汽—液—汽传递为辅。而当汗液传递不畅时，织物表面会被润湿，人体会感觉不舒适，而这时水分会充塞孔隙，影响织物与人体间的热交换。

（2）影响织物透湿的气相传递因素。

①纤维性能。纤维吸湿性好的，织物透湿性也好，如苎麻纤维的吸湿性好（公定回潮率 13%），且放湿快，透湿性优良，是理想的夏季衣料；大部分合成纤维吸湿性差，透湿性差，因此作为夏季衣料穿着会闷热，但其中丙纶虽然吸湿性差，却具有很强的芯吸效应，因此透湿性好，可作夏季衣料。可通过异形纤维加工改善合成纤维透湿性。异形纤维就是采用非圆形孔眼的喷丝板制取的各种不同截面形状的纤维，如图 4-20 所示，可形成十字形、花瓣形、Y 形和 U 形等。

 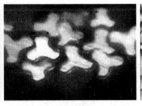 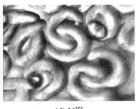

(a) 十字形　　　　　(b) 花瓣形　　　　　(c) Y形　　　　　(d) U形

图 4-20　异形纤维

②纱线性能。除纤维性能外，纱线性能与织物热湿舒适性同样密切相关，纱线的线密度、捻度、结构及混纺比例会影响热湿舒适性。纱线线密度越小，排列越紧密，织物保暖性越好，但透湿透气性低；经纬密度不变的情况下，纱线线密度越小，纱线之间的孔隙越大，织物透气性越高，但保暖性变差。在无风环境下，纱线捻度越低，蓬松度越好，可容纳更多静止空气，吸湿性、保暖性较好。但纱线间的孔隙小，透湿性较差。

可利用上述结构参数的设计，优化纱线结构，提高纱线的透湿性，除此之外，也可利用两种或两种以上的成分，利用其不同的亲疏水性及芯吸效应等提高织物的透湿性。修建等[20]将拒水整理的黏胶纤维作为皮层，普通黏胶纤维作为芯层制成皮芯结构的纱线，因为纱线的皮层具有拒水性而芯层具有良好的吸湿性，可以将皮肤表面的汗液转移到纱线中，从而达到提高透湿性的目的。研究表明，竹炭涤纶/棉混纺织物的芯吸效应、透湿性、水扩散性能、水蒸发性能及保水性均明显优于纯棉织物[21]。

③织物性能。织物的经纬密度（覆盖系数）、组织结构等因素均会影响织物的透湿性，经纬密度是影响织物透湿性的显著性因素，经纬密度增加，织物透湿性差，保暖性好；同理，织物面密度与厚度越小，透湿性也越好；当织物中纱线交织次数增多时，透湿性降低。就原组织三大基本组织织物的透湿性而言，平纹组织<斜纹组织<缎纹组织。

除上述三种因素外，后整理涂层工艺因覆盖织物表面孔隙也会影响织物的透湿性。在不同的环境温湿度条件下，纤维回潮率的变化也会导致织物透湿性的变化。环境温度升高，透湿性提高；环境湿度增加，透湿性下降。

4.3.1.3　透水性

织物透水性是指液态水从织物一面渗透到另一面的性能。织物透水的实质是水的液相传递，即织物两面存在水压差，水从压力高的一面向压力低的一面传递的过程。织物透水有三种途径。

（1）表面润湿及毛细传递，这是液态水传递的主要途径；

（2）纤维内导水，这是液态水传递的次要途径；

（3）织物中的孔隙，这是在织物两面存在水压差且有直通孔隙时存在的途径。

透水性常用静水压试验或雨淋法等进行测定。静水压试验指标为织物表面出现水滴时的静水压柱高度（cm）或静水压值。雨淋法则需要对淋水后的织物按照浸湿和织物表面水滴情况进行评级。

对于织物透湿和透水性能，一方面，织物应该阻止来自外界的水，如雨水等，即织物应具有一定的防水性；另一方面，当人体表面出现汗液，应尽快通过织物排出。因此理想的织物是既能防止外部水进入，又能保证人体的湿气能及时排出，因此存在着液态水和气态水传递的矛盾性，即具有防水透湿效果。

4.3.2　织物中热湿舒适性的关系

一般来讲，透气性越好，则织物的隔热性能越差。若织物透气性好，则透湿性也好。夏季服装要求轻薄而疏松，以减少热阻，要求织物表面光滑，反射率高，吸收辐射热少，此外，织物还应具有良好的吸水性、散热性、散湿性、透气性等性能。因此，夏季应选择轻、薄、少毛羽、捻度大、弹性好的细特麻纱织物，以及真丝、人造丝、纯棉、涤/棉等织物作为服装面料。冬季服装主要以御寒防风为主，尤其是外层衣物，要求织物导热系数小，即热阻大、织物静止空气含量要大而通气量要小，即应选择透气性小、厚实、紧密的织物，甚至涂层织物作为冬季服装面料。

4.3.3　防水透湿织物设计原理及其方法

早在西周时期，中国古代人民就通过涂层加工技术获得了可以避雨的漆布、油布，一定程度上提升了织物的防水性，可制成雨衣、雨帽等穿戴用品，但该致密涂层导致织物无法透湿[4]。20 世纪 40 年代以来，随着新材料的迅猛发展，科学家采用亲水高分子在基布表面构筑无孔涂层，赋予织物高防水性，同时利用亲水高分子对水蒸气的吸附—扩散—解吸附作用实现对湿气的扩散，该材料在防水面料透湿性能上有一定提升，但仍旧无法达到穿着舒适标准[22]。与此同时，研究者也开辟了通过降低织物中的纤维孔隙以提升其防水性的新思路，采用线密度很小的纱线制备密度为普通织物 20 倍以上的高密织物，在保证了织物透湿性的同时也提升了防水性。例如，英国雪利（Shirley）研究所制备的文泰尔（Ventile）高密织物，第二次世界大战期间用来织造英国空军的防寒抗浸服。但高密织物的耐水压仅为 6kPa，无法满足人们对于服装的更高防护需求[23]。随后，研究者们通过降低织物孔隙率的方式制备了轻薄的防水透湿膜材料，该材料同时具有优异的透湿性和耐水渗透性，并将其与普通织物通过压延法、热熔法或黏合剂法等工艺复合获得了具有优良防水/透湿性能的复合层压织物，被人们称为"人体的第二皮肤"，在特种职业服装、户外运动装备、医疗防护用品等众多领域为人体提供了一定的防护性与舒适性。而防水透湿层压织物中功能材料是防水透湿膜，防水透湿膜不仅可以阻止液态水的渗透，还能有效传导水蒸气，因此防水透湿膜是实现防护性与透湿性和谐统一的核心材料，是层压织物保障人体安全和舒适的关键。

防水透湿织物之所以能够阻止来自外界的水（比如雨水等）到达，也能将人体所散发的水汽或汗液通过织物排出，其原理就在于液态水和气态水直径不同，水滴的直径为 $100 \sim 3000 \mu m$，水汽的直径为 $0.0004 \mu m$，通过一定的加工，织物表面的微孔只让水汽通过而不让水滴通过，即可实现防水透湿。根据这一原理，可以通过纤维选择、结构设计及后整理等方式来实现织物防水透湿的功能。

4.3.3.1　通过超细纤维高密织物来实现防水透湿

防水透湿织物文泰尔（Ventile）织物就是选用埃及长绒棉的高支低捻度纯棉纱，织造高密度的重平组织织物。当织物干燥时，经纬纱线间的间隙较大，大约 $10 \mu m$，能提供高度透湿的结构；当雨或水淋织物时，棉纱膨胀，使纱线间的间隙减至 $3 \sim 4 \mu m$，这一闭孔机制同特殊的拒水整理相结合，保证织物不被雨水进一步渗透。

随着合成纤维的发展，美国杜邦公司、日本东丽公司等研究的通过在纤维内部制造出孔道的方式实现将汗水排出体外，也就是市场上的吸湿排汗面料。采用细特、超细特合成纤维高收缩长丝，结合超级拒水整理技术，使这类产品的防水透湿和穿着舒适性有了很大的提高。如日本钟纺公司生产的超高收缩高密织物，具有 $7 \mu m$ 大小的微孔，其纱线为 85%涤纶和 15%尼龙的超细复合纤维，织成高密织物，单丝密度达 68580 根/$（2.54cm）^2$，透湿量 $5000 \sim 7000 g/（m^2 \cdot 24h）$，耐静水压达 1000mm 以上，兼具保暖性和伸缩性[24]。德国 Hoechst 公司 Trevira 防水透湿超细聚酯高密织物，经纱长丝线密度小于 1.4dtex，纬纱长丝线密度小于 0.7dtex，单丝经密为 4800 根/cm，单丝纬密为 2680 根/cm。经氟化整理，最后成品的孔径为雨滴的 1/3000，透湿量达（20~40）×10^3g/（m^2·24h），耐静水压达 500mm，淋雨实验表明，人工雨淋 5h，织物仍然保持干燥[25]。

4.3.3.2 通过涂层来实现防水透湿

采用干法直接涂层、转移涂层、泡沫涂层、相位倒置或湿法涂层（凝固涂层）等工艺将各种各样具有防水、透湿功能的涂层剂涂覆在织物表面上，使织物表面孔隙被涂层剂封闭或减小到一定程度，从而得到防水性。织物透湿性则通过涂层经过特殊方法形成的微孔结构或涂层剂中的亲水基团与水分子作用，借助氢键和其他分子间力，在高湿度一侧吸附水分子，后传递到低湿度一侧解吸的作用来获得。

格扎尔（Ghezal）等[26]通过用丙烯酸糊和碳氟化合物的混合物涂覆双面间隔针织物制成防水透湿织物。织物外层和内层分别由涤纶（PET）和棉纤维制成。这两层用 PET 纱线连接在一起。所生产织物的针织图案如图 4-21 所示。3D 间隔织物中会有更多的空气流动，因而水蒸气和热量的排放比 2D 织物高，透气性和透湿性好。

在涤纶外层进行涂层处理，涂层前后针织物表面如图 4-22 所示，这种涂层处理的目的是赋予织物更好的防水透湿性能。内层织物是亲水的，它将吸收人体的水分，并将其传导到 PET 织物外层。丙烯酸酯链中亲电位点的存在将改善外层水分的蒸发作用，此外，丙烯酸浆料将填充到复丝中的单丝之间的空间，这将增强织物防风和防水性能；氟碳树脂将有助于获得防水表面。因此双层结构织物的结构设计和涂层处理使该织物具有了更好的防水透湿性能。

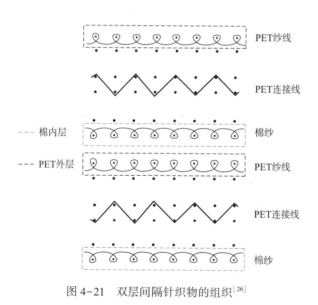

图 4-21 双层间隔针织物的组织[26]

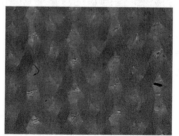

图 4-22 涂层前后的针织物表面[26]

4.3.3.3 通过层压防水透湿膜来实现防水透湿

亲水无孔膜是采用亲水型高分子聚合物制备的一类致密型薄膜，加工所用的聚合物原料一般是由软链段和硬链段交替排列而构成的嵌段共聚物，且该分子结构中，软链段亲水，硬链段疏水；其常规所用聚合物为热塑性聚氨酯或聚醚聚酯共聚物。亲水无孔膜的透湿是基于聚合物上的亲水基团和分子间的孔隙来传递湿气。基于亲水型聚合物中极性基团与水分子之间的氢键作用力，吸收服装微环境中的湿气，而聚合物链段以及其中亲水链段的热运动为湿气的穿越提供分子间的孔隙，湿气在薄膜厚度方向上沿着亲水链段"阶梯石"向外扩散[27]。

在透湿性能方面，亲水无孔防水透湿膜相对于微孔防水透湿膜，皮肤分泌物、空气中粉尘、洗涤过程中洗涤剂等物质不会污染堵塞膜的孔道，透湿性能稳定；但亲水无孔防水透湿膜由于亲水特性对水滴具有黏附作用，纤维膜会被水润湿，导致在人体非显性出汗时，服装微环境中的水蒸气无法快速被传递出去，造成透湿性能的大幅下降；此外，在低温环境中，皮肤两侧的水蒸气压差会急剧下降，也会导致无孔防水透湿膜的透湿性能降低，且水蒸气容易在内部凝结，造成湿冷的感觉；亲水无孔防水透湿膜无法透气，在人体剧烈运动时，不能及时将人体产生的热量通过对流排出，引起燥热，降低服装的穿着舒适性。

疏水微孔膜是一种以疏水性聚合物为基本原料；内部具有大量连通的微米级孔道结构的膜材料。一般所采用原料为聚四氟乙烯、聚偏氟乙烯（PVDF）、聚苯乙烯等低表面能疏水性聚合物。不同制备工艺下所获得的膜材料具有各种不同的微孔形状，如立体网状、海绵状、裂缝状等。疏水微孔膜的防水/透湿效果是基于微孔对液态水和湿气的尺寸筛分效果。

水蒸气的具体扩散行为也不一样，如图 4-23 所示，有以下三种：黏性流扩散，过渡流扩散，努森扩散。在分析水蒸气扩散行为时，需考虑水蒸气分子的平均自由程 λ（在一定的条件下，水蒸气分子在连续两次碰撞之间可能通过的各段自由程的平均值），而在 25℃、一个大气压的环境下，人体微环境中水蒸气分子的 λ 为 84nm 左右。当疏水微孔膜的平均孔径 $d>50\lambda$ 时，水蒸气分子碰撞主要发生在水蒸气分子间，水蒸气黏滞力在水蒸气流体扩散过程中占主导作用，微孔中水蒸气扩散为黏性流扩散，其水蒸气扩散通量遵循哈根泊肃叶方程。当疏水微孔膜的平均孔径 $d<0.05\lambda$ 时，由于孔道直径比较小，扩散过程中水蒸气分子与疏水孔壁的碰撞占主要地位，水蒸气分子间的碰撞减少，这类扩散符合努森扩散。当疏水微孔

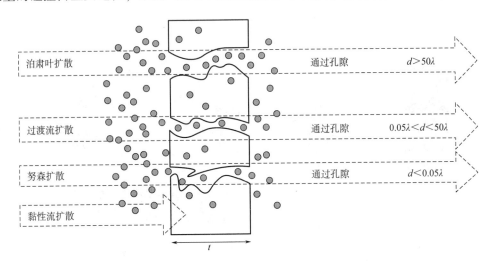

图 4-23　水蒸气在微孔中的四种扩散方式[22]

膜的平均孔径 $0.05\lambda < d < 50\lambda$ 时，微孔膜孔径与水蒸气分子平均自由程接近，水蒸气与疏水孔壁碰撞概率和水蒸气分子间碰撞概率相差不大，将产生过渡扩散，努森流和黏性流并存，扩散通量为两者叠加。除去微孔膜孔径对水蒸气扩散行为的影响，基于这三类扩散行为，疏水微孔膜的孔隙率、曲折系数、厚度等结构参数也直接影响水蒸气扩散通量。在稳定扩散情况下，水蒸气扩散通量与纤维膜厚度呈反比；膜材料中孔道越曲折，扩散通道会被延长，水蒸气分子与孔壁间碰撞及水蒸气分子间碰撞会增大，疏水微孔膜对水蒸气的传质阻力将变大，引起材料水蒸气扩散通量下降。

此外，不同于亲水无孔防水透湿膜，微孔防水透湿膜具有防止被水润湿和渗透两方面的防水效果。一方面，水在材料表面的润湿行为取决于液体分子与固体分子间的相互作用力和物理粗糙度，例如水在石蜡的表面可以呈现球形，而在普通纸张表面却铺展开来。另一方面，水渗透指的是在一定动能驱使或者外界压力下，液态水穿越膜材料的孔洞，由功能膜一侧渗透到另一侧的行为，这一渗透行为与膜材料的孔径大小、表面化学能、厚度、液态水的动能和外界压力密切相关。通过杨—拉普拉斯方程可知，水进入理想圆形毛细管内部时，水会受到液—气界面张力形成的向外的附加张力 P，P 的计算见公式（4-10）：

$$P = 4\gamma\cos\theta_{adv}/d_{max} \tag{4-10}$$

式中：γ 为水的表面张力；θ_{adv} 为材料的前进水接触角；d_{max} 为材料的最大孔径[28]。

对于亲水孔道，$\theta < 90°$，附加张力 P 作用方向与水微流在孔道中前进方向一致，增强液态水渗透膜材料速度；对于亲水孔道，$\theta > 90°$，附加张力 P 作用方向与水微流在孔道中前进方向相反，产生拒水效果。附加张力 P 会阻止液体通过疏水微孔膜，通常用这个附加张力值来衡量材料的防水性，即为材料的耐水压。在疏水微孔膜的防水渗透机理研究中，研究者们通过探究微孔膜材料的实际耐水压和理论的附加张力关系，给出了疏水薄膜液—气界面的两种模型（图4-24），发现具有接近圆孔通道的微孔膜，其实际耐水压遵循杨—拉普拉斯方程。但大部分疏水微孔防水透湿膜中孔道呈弯曲无规则状，研究者们进一步引入修正因子或新模型，用以更正孔道的无规结构特征对材料实际耐水压的影响，如 Rijke 提出了 Rijke 模型，假定液体在接触微孔膜最初时刻会出现平的液—气界面，用以规避疏水纤维膜中孔道的轴向无规性。

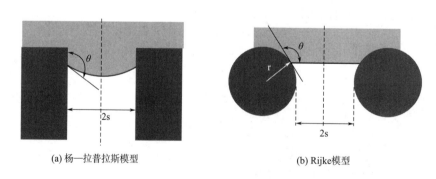

(a) 杨—拉普拉斯模型　　　　　　　　　(b) Rijke模型

图 4-24　疏水薄膜液—气界面的两种模型[28]

因此，相对于亲水无孔防水透湿膜，疏水微孔膜表现出更为良好的透湿性能，汗液湿气可以在连通孔道中自由扩散，避免了湿气在服装微环境中凝结，且连通孔道同时能透气，可及时有效扩散人体的热量，避免激烈运动造成体表温度过高；疏水微孔膜可以防止被水润湿，避免服装被生活中飞溅的水滴及雨水的吸附，提供更好的穿着防护性。但疏水微孔膜内部的孔道结构容易受到污染而被堵塞，降低其防水性和透湿性，通常需采用多层复合的方式使其与灰尘、皮屑分隔开，保持长时间良好的防水透湿性能。

美国戈尔（Gore）公司利用聚四氟乙烯（PTFE）生产出该膜，与织物进行复合层压后取商品名为 Gore-Tex。但是由于 PTFE 具有非常强的化学惰性，几乎没有什么材料可以将它与其他织物很好地层压在一起，面料牢度非常差。后来，经过不断的努力，通过与其他亲水薄膜层压在一起成为复合薄膜，并在膜上进行特殊处理，牢度大大提高。一般认为，Gore-Tex 面料耐水压可以达到 1333kPa（10000mmH$_2$O），水洗 6~7 次后耐水压才有明显的下降；透湿量高可以达到 10000g/（m^2·24h），但是这并不是刚做出来的面料就能达到这个数值，需要经过几次水洗，将部分胶洗去，可用孔隙增多，透湿量上升。

4.3.4　小结

综上可看出，目前市场上的防水透湿膜主要包括热塑性聚氨酯（TPU）亲水无孔膜、聚四氟乙烯（PTFE）疏水微孔膜。TPU 亲水无孔膜的防水性是依靠其无孔实体结构，而透湿性取决于分子中亲水链段对水蒸气的吸附—扩散—解吸作用，所以 TPU 亲水无孔膜透湿性差，且无法透气。PTFE 疏水微孔膜内部孔道尺寸介于液态水和水蒸气之间，对液态水/水蒸气能选择性传质，从而具备防水透湿性，且水蒸气在微孔中的扩散比在亲水链段间的传质更为容易，所以 PTFE 疏水微孔膜具有更为优异的透湿性能。但是 PTFE 疏水微孔膜存在着难以降解、弹性差且生产工艺复杂的问题。

由于静电纺丝具有操作简单、原料来源范围广等技术优势，所获得的纳米纤维膜表现出孔隙率高、孔径小、孔道连通性好等结构特点，因而可以用于制备具有高耐水压和高透湿率的新型防水透湿膜。但目前仍处于研发阶段，目前面临的挑战主要是静电纺丝制备的防水透湿膜仅能通过汗液蒸发被动散热，无法在多变天气环境中主动调节皮肤表层微环境的温度；且其防泼水性能差，易黏附皮肤表面的汗水和外界的液态水，导致其透湿散热性降低。因此，亟须开发具有优异热湿舒适性的纳米纤维防水透湿膜。

4.4　纺织品吸湿排汗设计原理及方法

4.4.1　吸湿排汗的设计原理

纺织品吸湿是指气相水作用于纤维的内部或表面，主要针对的是气态汗的吸着；导湿则是液相水作用于纤维间或纤维的孔洞，针对的是液态汗的传导。导湿的形式主要有两种：浸润和芯吸。吸湿排汗的设计原理可分为两类：一类是通过汗水在织物平面内快速扩散，增大汗水的蒸发面积，这样可以设计整体吸湿排汗织物；另一类是通过毛细效应，将织物内层的汗水吸着到织物外层，由织物外层蒸发，这样可以实现织物的单向吸湿排汗，在此过程中主要利用芯吸效应和差动毛细效应实现织物的单向导湿。

4.4.2 整体吸湿排汗织物的设计方法

4.4.2.1 纤维结构设计

利用纤维、纱线本身的吸湿性、导湿性及结构来实现，如设计高异形度的纤维截面结构（图 4-25）及蓬松的纱线结构（仿天然纤维），或捻度大的纱线，或带纵向转曲和细小微孔的螺旋桨形截面纤维。

图 4-25　Coolmax® air 涤纶及其织物

可以利用吸湿排汗性能较好的天然和再生纤维，如麻纤维、竹纤维、大豆蛋白纤维等，它们因自身的中腔、多孔微细结构而具有较好的吸湿导湿性能，相比合成纤维，这些绿色纤维更易被人们接受。

吸湿排汗化学纤维是指具有吸收水分并将水分向邻近纤维传输能力的差别化纤维[29]，最常见的开发方式是利用常规合成纤维通过物理、化学改性方法，如改变喷丝孔形状、在纺丝液中加入功能性粉末、表面刻蚀、异形混纤、接枝共聚等，来改变纤维截面形状、增加纤维表面沟槽及扩大比表面积使其具有吸湿导湿特性。如美国杜邦公司研发的 Coolmax® air 涤纶，该纤维的干燥率接近棉的 2 倍，且由于该类面料产品具有质轻、手感柔软、易护理的特点，因此成为各大知名运动品牌夏季服装的主要纤维原料之一。此外，典型产品还有日本东洋纺开发的 Y 形截面涤纶；国内的有国家纺织产品开发中心与泉州海天轻纺集团联合研发的 Cooldry 纤维，以及其他的多叶、U 形、花瓣形等各种异形截面化学纤维[30]。通过复合纺丝及混纤丝技术引入高吸湿性高聚物也可以开发出吸湿排汗类功能性化学纤维。由不同截面形状、不同线密度、不同收缩率的单丝组成的混纤丝因具有更多的纤维间孔隙和毛细管结构，不仅大幅优化了织物吸湿导湿效果，还赋予织物持久稳定的高弹性、优良的蓬松性以及柔软的手感，具有一定生产规模的此类产品如国内张家港美景荣化学工业有限公司开发的 PTT/PET 高弹双组分聚酯复合纤维"美弹丝"、日本 UNITIKA 以高吸水性聚合物为芯层、聚酰胺纤维为皮层复合纺丝制成的皮芯型纤维"Hygra"等。

4.4.2.2 纱线设计

利用差动毛细效应，采用多种纱线配合，如吸湿排汗的涤纶长丝与棉交织，不仅可赋予织物吸湿排汗快干的性能，还可使织物具有抗皱防缩、耐磨的特点。

4.4.2.3 织物组织结构设计

可以通过绉组织、透孔组织等在织物表面形成绉效应，所谓绉（皱）效应是织物表面的不规则凹凸不平现象，当这些凹凸不平程度比较小，表现得比较细腻均匀时，称为"绉"现象，这种现象在外观上给人一种微波的感觉，容易被视觉接受，特别是用这种织物做夏季的贴身服装时，可以使平坦的衣服与皮肤的面接触变为点接触，给人一种清凉舒适的感觉。而这些与人体皮肤接触的点就成为织物透湿的芯吸点。也可通过双层或多层织物结构设计，使不同层的织物之间孔隙或吸湿性不同，从而利于差动毛细效应来实现吸湿排汗。

织物起绉方法有以下几种。

（1）利用物理、化学方法对织物进行后整理，使其起皱；

（2）利用织造时不同的经纱张力织缩率不同的特点，使织物表面形成纵向起泡外观；

（3）利用捻向不同的强捻纱相间排列；

（4）利用高收缩涤纶长丝与普通纱相间隔排列；

（5）利用织物组织（如绉组织、透孔、蜂巢等）来实现。这些组织都是由于长短浮长线错综排列，使织物表面形成凹凸不平感。其特征在于具有不同长度的经纬浮长线沿着织物的经纬向交错配置，在长浮长线处，纱线交织不紧密，易向一起靠拢从而形成凸起；在短浮长线处，纱线交织紧密形成凹下。如图 4-26 所示，透孔组织一般由平纹组织和重平组织联合而成。平纹由 3/3 重平构成；如图 4-27 所示，蜂巢组织（honeycomb weave）是在一个组织循环内，紧组织与松组织逐渐过渡，相间配置，浮长线的长短不同，增减规律呈菱形。紧组织为交织点多的平纹凹下，松组织为交织点少的经纬浮长线处凸起。针织组织有交错集圈组织、架空添纱组织等，如图 4-28 所示。这些机织组织和针织组织的单层结构的面料通常由吸湿排汗性能优良的合成纤维或与天然纤维混纺织成，使其具有更好的吸湿排汗性能。

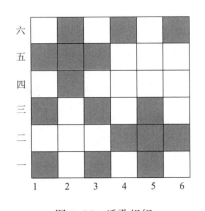

图 4-26　透孔组织

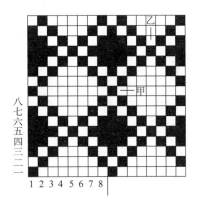

图 4-27　蜂巢组织

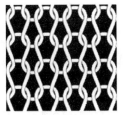

(a) 纬平针组织

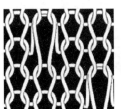

(b) 交错集圈组织

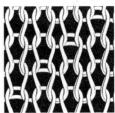

(c) 架空添纱组织

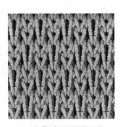

(d) 变化珠地网眼组织

图 4-28　纬编吸湿排汗面料[29]

还可利用双层织物来实现吸湿排汗，内层通常采用与皮肤呈点、线局部接触的蜂窝网眼状组织结构，外层采用有助于面料放湿、透气的网眼式凸纹等加大比表面积的结构形态，如图4-28（d）所示。织物层与层之间的连接方式多采用集圈、添纱、衬纬或同时成圈集圈连接[29]。

4.4.3　单向吸湿排汗织物的设计方法

芯吸效应是指当织物中纤维形成的毛细管处于水平位置时，虽然没有外力场的势能差，但由于毛细管弯月形曲面附加张力的作用，能自动引导液体流动[31]。当纯合成纤维织物采用双层结构，里层单纤线密度大，外层单纤线密度小，里层毛细管形成较小的附加张力，外层毛细管形成较大的附加张力，在织物里外层界面处形成附加张力差，织物中的液体就能从里层吸到外层，这就是差动毛细效应[31]。因此通过合理配置原料、组织结构或后整理工艺，利用芯吸效应或差动毛细效应可以开发出不同结构的单向导湿面料。所谓单向导湿就是水分或汗液从织物内层流到织物外层，并在外层蒸发扩散，同时外层的水分或汗液难以反渗到内层。根据芯吸效应和差动毛细效应原理，可以实现水分或汗液从皮肤表层迅速向织物表层输送，不会倒流；并且表层既能大量吸收，又能大量蒸发，织物干燥速度快。

4.4.3.1　内外层亲疏水不同的双层结构设计

图4-29为亲疏水不同的双层结构单向导湿织物示意图，在此双层结构中，内层要具有良好的导湿性，能将汗液快速导向外层，使里层保持干爽；外层则用亲水性纤维织造，保证面料外层具有良好的吸湿性和湿传递性，同时使面料具备良好的透气性，能够让水分快速蒸发。内外两层由特定的组织连接起来。因此双层结构中的两层分别起到导湿和吸湿、散湿的作用。例如，织物内层采用疏水性纤维（如细旦涤纶、丙纶等）编织蜂窝或网眼等点状组织结构，外层采用亲水性纤维（如棉、毛、黏胶纤维等）编织高密组织结构，增加内外层织物的差动毛细效应，从而实现单向导湿功能。

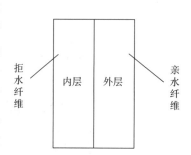

图4-29　亲疏水不同的双层结构单向导湿织物示意图

例如，探路者开发的TiEF Dry单向导湿面料，内层面料疏水导湿，皮肤表面汗液被迅速导出，使皮肤干爽，且面料内侧吸汗并迅速传导至外侧、不回渗；外层面料吸湿后能够加速汗液的蒸发扩散，达到速干的效果。

4.4.3.2　内外层纱线粗细不同的双层结构设计

在双层结构中实现单向导湿功能，也可应用内外层纱线粗细不同产生差动毛细效应的原理。采用毛细管的直径由内到外逐渐变细的形态获得单向导湿功能，并能解决芯吸高度与传输速度的矛盾。如图4-30所示，在靠近皮肤一侧的内层面料采用较粗的纤维或纱线形成粗网眼，外层配置超细纤维，从内层到外层，随着织物毛细孔由粗到细的变化，表层毛细管引力高于内层毛细管引力，从而构成内外层临界面上的引力差，引力差作用下毛细管导湿能力明显增强，且内外层纤维单纤维密度差越大，差动毛细效应越显著。

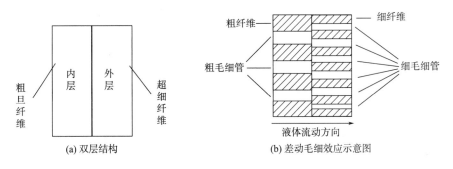

图 4-30　织造纱线粗细不同的单向导湿织物示意图

4.4.3.3　内外层织物组织不同的双层结构设计

按照 4.3.3.2 中的设计思路也可采用内外层织物组织不同，在织物表面形成大小不同的网孔结构，从而产生差动毛细效应。

4.4.3.4　单向导湿双层织物的综合设计

当然也可将上述两种方法联合使用，如图 4-31 所示，织物内层采用线密度较大的疏水性纤维，外层为更细的亲水性纤维，再加上内外层孔隙结构不同的织物组织设计。中间可以采用具有一定吸湿、导湿性能的纱线连接织物两面，起到芯吸的效果，比如涤棉混纺纱，也可采用疏水导湿的纱线，（如丙纶长丝等）起到更好的导湿作用。这种材料和结构综合利用了差动毛细效应和芯吸效应两种原理，织物内外层之间既存在差动毛细效应，传导液态水，又存在芯吸效应，织物芯吸速率快，与其他双层织物结构模型相比，具有更好的导湿快干作用。

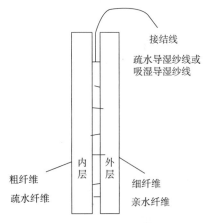

图 4-31　单向导湿双层织物的综合设计

4.4.3.5　多层结构的单向导湿织物设计

根据上述原理，也可设计三层或多层结构的织物，使其在纱线粗细或织物网孔上从内到外呈现由粗到细的变化，内层采用疏水纤维，中间层采用吸湿、导湿纤维，外层采用吸湿性最强的纤维，且选用比表面积大的织物组织，从而利于水分的蒸发。

因此在织物差动毛细效应模型中，影响模型导湿快干功能的因素包括织物内外层纤维性质、线密度和根数及织物组织等。在设计织物结构时，增大织物内外层纤维线密度差，增大附加张力差，增大亲疏水的差距，则会增大织物的导湿快干能力[31]。

张慧敏等[32] 以三种不同线密度的丙纶长丝为原料，运用差动毛细效应原理，设计了具有线密度梯度的三个导湿性功能层（内层、中间层、外层），织造出层数、纱线比例以及经纬密度均相同的三种组织结构（正交结构、角联锁结构、多层接结结构）的 15 层三维机织物。内层为 1~7 层，采用 333dtex/72f 丙纶长丝；中间层为 8~13 层，采用 275 dtex/48f 丙纶长丝；外层为 14~15 层，采用 156dtex/48f 丙纶长丝。根据差动毛细效应原理，织物内每两个功能层相邻界面之间会产生层间张力差，压迫织物中的液态水从里层自动流到中间层，经过中间层自动流到外层被导出，且被导出的液态水不会发生回流，使织物具备优异的单向导湿功能。对于单向导湿功能，可以采用液态水分管理测试仪（MMT）进行测试，表征指标有时间指数（表层和底层浸湿时间）、速度指数（吸水速度和扩散速度）、最大浸湿半径和整体液态水分管理能力等。测试结果表明，正交结构、角联锁结构、多层接结结构的累计单向传导能力分别为405、378 和394。结果评级表明，正交结构的织物单向导湿效果是极好的，其他为非常好，这种差异显然是因为织物组织不同造成的。

三维织物组织结构如图4-32 所示，角联锁结构比正交结构、多层接结结构更为紧密。角联锁结构的织物中纱线之间的紧密程度较大，交织点较多，织物内纱线间的孔隙较小，水分在织物内传输的阻力也相对较大，水分不易传导，从而导致角联锁结构织物的导湿性能比正交结构、多层接结结构的织物稍差。此外，三种织物内层间纱线的接结方式不同，从而导致扩散时间产生差异。正交结构和多层接结结构三维机织物的接结经纱在层间以接近90°连接，而角联锁结构三维织物的接结经纱在层间则以接近45°的倾斜角与纬纱进行交织，接结经纱在层间的交织路径较长，导致水分在层间的传输路径相对正交结构和多层接结结构的长，水分扩散速度较其他两种结构慢，扩散时间较长。基于上述两个因素，角联锁结构的导湿效果比较差[32]。

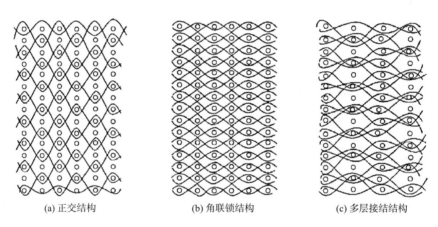

(a) 正交结构　　　　　(b) 角联锁结构　　　　　(c) 多层接结结构

图4-32　三维织物组织结构[32]

朱娜[33] 等设计了织物紧度、经纱细度、捻度配置不同的仿生单向导湿织物。织物结构如图4-33 所示，内层浮长线为4，中间层浮长线为2，内层浮长线为1。经纱贯穿织物平纹层、中间层和浮长线层，构成织物的连续导水通道。织物的浮长线层模拟树的主干，内层经浮长线为织物吸水提供较大的面积；中间层是方平组织，将"树的主干"中的四根纱线分成两组互相交织形成分支；经纱到达平纹层进一步被分成单根经纱，与纬纱交织成平纹，模拟主干分支的次级分叉结构增大了水分与空气的接触面积，利于水分快速蒸发。

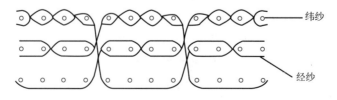

图4-33　仿杉树织物组织示意图

在此结构中经纱系统为水分在织物截面方向上的传导提供连续的导湿通道，使水分快速从浮长线层向平纹层传递。纬纱捻度配置对单向导水能力也有影响，从织物浮长线层到平纹层，采用纬纱捻度由低到高的配置设计会提高单向导湿功能，这是因为捻度越高，纬纱越细，纬纱间距越大，因此在纬纱之间也形成了从大到小的孔隙尺寸，有利于单向导湿功能的提高。

4.4.4　智能单向吸湿排汗织物的设计

Fu 等[34] 制备了一种具有定向输水性、单边导电性和感湿功能的新型织物，如图4-34 和图 4-35 所示。图 4-35 中（a）为采用单面电喷雾法和气相聚合法制备 PPy 涂层；（b）为聚合反应过程；（c）为无涂层棉织物 SEM 图像；（d）为 PPy 涂层棉织物SEM 图像；（e）为 PPy 涂层纤维的 TEM 图像（截面图）；（f）为棉织物的 FTIR 光谱；（g）为棉织物的 XPS 测量光谱；（h）为

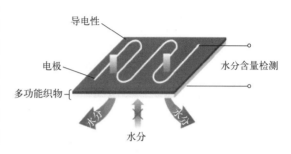

图 4-34　智能单向导湿织物设计图[34]

PPy 涂层棉布的照片（插图为放大区域）。该织物是以棉织物作为基布，当在织物的一侧涂上一层导电疏水的聚合物（聚吡咯，PPy），可以同时表现出定向输水性和单边导电性。当水滴到 PPy 涂层表面（即疏水表面）时，它立即穿透表面层，并沿着相反的表面扩散（4s 内从147°下降到 0°）；当水滴到未涂层的一面（即亲水表面）时，它只是沿着表面层扩散，并没有

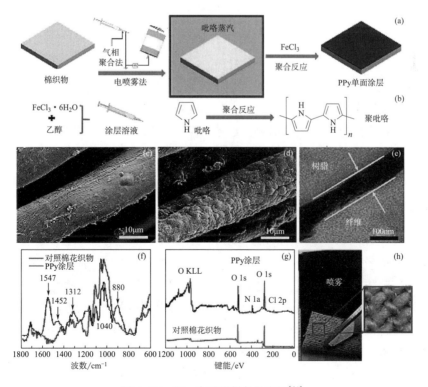

图 4-35　PPy 涂层的制备及表征[34]

输送到 PPy 涂层面（1s 内从 73°降至 0°）。因此可以说明该织物具有单向导湿的功能。通过将两根镀金属尼龙线（作为电极）集成到处理过的织物中，形成传感器，能够感知织物内部的水分。并且该集成电极对织物的定向输水性和透气性影响很小。

Fu 等[35] 在织物外层使用湿气响应性纱线，内层为疏水 PET 纱线，设计出单向导湿织物，如图 4-36 所示。外层湿润的纱线可以吸收内层 PET 纱线传递的汗水，并释放汗水，保持表面干燥，从而提供良好的热湿舒适性。且吸收汗液后的外层湿气响应性纱线的结构从致密变为松散，而扩大的线圈结构可以使更多的热量和水分从体内释放出来，同时又允许空气在内部流动，并且可逆。

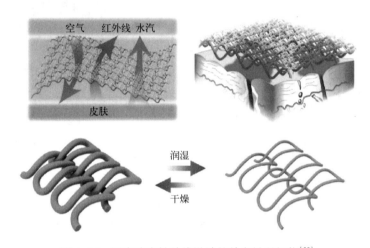

图 4-36　湿度响应性纱线设计的单向导湿织物[35]

4.4.5　小结

通过使汗水在织物平面内快速扩散，增大汗水的蒸发面积，可以设计整体吸湿排汗织物；单向吸湿排汗则可以利用芯吸效应和差动毛细效应实现。因此对于单向导湿织物的设计重点就是形成织物内外层的亲疏水差异、导湿通路的粗细差异和速度差异等，而这部分设计需要不同亲疏水的纱线和不同的织物组织结构来共同实现。

4.5　总结与展望

本章主要介绍了基于保暖性、防水透湿、吸湿排汗等功能织物的织物结构设计原理、方法及相关案例。服装热湿舒适性、保暖性和防水性是提升人们穿戴品质的关键。在织物的热学属性中，导热性能和表面结构是关键的影响因素。织物的导热性能依赖于多种因素，包括纤维成分、空气含量、纱线结构和织物结构、含湿量等。织物热湿舒适性的重要表现除了保暖性外，还有防水透湿、吸湿快干的特性。此外，亲水性织物在传输过程中会有大量的水分残留，而残留的水分越多，其蒸发时吸收的热量越多，这将会大幅降低织物的保暖效果。因此还需注意吸湿、导湿性能对热学性能的影响。

　　具有良好的热湿管理性的织物有助于提升人们的健康指数与穿着舒适度，可自动调节温度和湿度的智能纺织品有望成为未来服装材料。而上述智能纺织品的实现需要根据相关原理，通过纤维、纱线和织物多级结构的设计实现。

思考题

1. 织物保暖性的表征指标有哪些？
2. 织物保暖性的影响因素有哪些？
3. 简述织物保暖性的设计原理及其方法。
4. 保暖机织物的结构设计方法有哪些？
5. 保暖针织物的结构设计方法有哪些？
6. 简述新型保暖材料及其设计方法。
7. 如何理解织物的透通性和孔隙分布？
8. 织物透气性、透湿性、透水性的影响因素有哪些？
9. 什么是防水透湿织物？
10. 实现防水透湿织物的原理及设计方法有哪些？
11. 整体吸湿排汗织物的设计原理及实现方法是什么？
12. 单向导湿织物的设计原理及实现方法有哪些？
13. 根据吸湿排汗的设计原理，对于智能导湿织物的设计，你有哪些想法？

参考文献

［1］Roustit M, Cracowski J L. Assessment of endothelial and neurovascular function in human skin microcirculation ［J］. Trends in Pharmacological Sciences, 2013, 34 (7): 373−384.

［2］Annarosa G, Enrico D. A review on membrane engineering for innovation in wearable fabrics and protective textiles ［J］. Journal of Membrane Science, 2013, 446: 350−375.

［3］Schommer N N, Gallo R L. Structure and function of the human skin microbiome ［J］. Trends in Microbiology, 2013, 21 (12): 660−668.

［4］余西. 纳米纤维防水透湿膜的结构设计及其热湿舒适性能研究 ［D］. 上海：东华大学，2020.

［5］左凯杰，高妍，吴金玲. 气凝胶轻质超保暖针织面料的开发 ［J］. 纺织导报，2020 (7)：59−61.

［6］王彩霞. 针织保暖内衣保暖性能影响因素分析 ［J］. 针织工业，2002 (5)：87−90，18.

［7］谢恺，刘红玉，张秀，等. 远红外涤纶/Viloft/氨纶保暖功能面料的开发 ［C］//"力恒杯"第 11 届功能性纺织品、纳米技术应用及低碳纺织研讨会论文集. 长乐，2011：418−420.

［8］饶良魁. 水晶棉纤维织物结构设计与性能研究及产品开发 ［D］. 上海：东华大学，2013.

［9］刘涛. 填充式保暖复合织物的开发和性能研究 ［D］. 上海：东华大学，2013.

［10］王慧玲，周彬，李银华. 双经三纬局部三层保暖织物的开发 ［J］. 棉纺织技术，2013，41 (12)：33−35.

［11］高娟. 多孔聚乙烯醇—聚丙烯熔喷非织造复合保暖材料的制备研究［D］. 上海：东华大学，2020.

［12］杜雪莹，孙晓霞，陈文娟，等. 非织造保暖材料研究进展［J］. 产业用纺织品，2018，36（5）：8-12.

［13］石磊. 熔喷复合非织造布保暖材料的制备与性能研究［D］. 天津：天津工业大学，2011.

［14］李梦茹. 基于柞蚕茧茧层微结构的仿生复合保温纺织品的设计与研究［D］. 武汉：武汉纺织大学，2017.

［15］张磊. 篷盖用立体结构机织物的开发与性能研究［D］. 西安：西安工程大学，2012.

［16］王启明. 户外服装保暖层抓毛摇粒绒面料及性能研究［J］. 针织工业，2013（6）：4-6.

［17］左凯杰，高妍，吴金玲. 气凝胶轻质超保暖针织面料的开发［J］. 纺织导报，2020（7）：59-61.

［18］倪璐妍，沈为，张佩华，等. 气凝胶保暖服装面料湿舒适性的研究［J］. 国际纺织导报，2021，49（2）：29-32.

［19］程明丽. EKS纤维的性能研究及其保暖针织面料开发［D］. 上海：东华大学，2022.

［20］修建. 提高织物湿热舒适性方法的研究［D］. 天津：天津工业大学，2007.

［21］屈岚. 竹炭涤纶/棉混纺织物与棉织物湿舒适性能对比分析［J］. 轻纺工业与技术，2017，46（5）：15-17.

［22］Tehrani-Bagha A R. Waterproof breathable layers-A review［J］. Advances in Colloid and Interface Science，2019，268：114-135.

［23］Lai Y C，Hsiao Y C，Wu H M，et al. Waterproof fabric-based multifunctional triboelectric nanogenerator for universally harvesting energy from raindrops，wind，and human motions and as self-powered sensors［J］. Advanced Science，2019，6（5）：1801883.

［24］周祖权. 日本超高收缩高密度机针织物：新产品"Savina"［J］. 印染，1984（2）：59-60.

［25］刘雍，马敬安. 防水透湿织物的研究现状及发展趋势［J］. 中原工学院学报，2004，15（3）：56-59.

［26］Ghezal I，Moussa A，Ben Marzoug I，et al. Development and surface state characterization of a spacer waterproof breathable fabric［J］. Fibers and Polymers，2020，21（4）：910-920.

［27］翟娅茹，沈兰萍. TPU薄膜在防水透湿织物中的应用［J］. 纺织科技进展，2018（5）：1-3，6.

［28］Guo F，Servi A，Liu A D，et al. Desalination by membrane distillation using electrospun polyamide fiber membranes with surface fluorination by chemical vapor deposition［J］. ACS Applied Materials & Interfaces，2015，7（15）：8225-8232.

［29］韩浩，丛洪莲. 纬编针织吸湿排汗面料设计原理与开发实践［J］. 纺织科学与工程学报，2019，36（2）：42-46，61.

［30］龙海如. 功能性针织运动面料产品开发［J］. 纺织导报，2017（3）：31-32，34.

［31］王其，冯勋伟. 织物差动毛细效应模型及应用［J］. 东华大学学报（自然科学版），2001，27（3）：54-57.

［32］张慧敏，沈兰萍，黄河柳. 单向导湿三维机织物的开发［J］. 合成纤维，2016，45（8）：28-31.

［33］朱娜. 丙纶仿生树形织物及其导水性能的研究［D］. 天津：天津工业大学，2016.

［34］Fu K，Yang Z，Pei Y，et al. Designing Textile Architectures for High Energy-Effciency Human Body Sweat- and Cooling-Management［J］. Advanced Fiber Materials，2019（1）：61-70.

［35］Wang H X，Niu H T，Zhou H，et al. Multifunctional directional water transport fabrics with moisture sensing capability［J］. ACS Applied Materials and Interfaces，2019，11（25）：22878-22884.

第 5 章　医用纺织品设计

医用纺织品是用于医疗和保健领域的纺织材料的总称，既属于产业用纺织品领域，又属于医疗用品范畴，是纺织、医学及其他相关学科深度交叉的产物[1]。英国纺织协会将医用纺织品（medical textiles）定义为一个通用术语，并将其描述为用于各种医疗应用（包括植入式应用）的纺织品结构和产品。保健纺织品（healthcare textiles）即主要为其技术性能和功能特性而非其美学或装饰特性而设计和制造的纺织材料和产品[2]。王璐[3] 将医用纺织材料定义为以纤维为基础、纺织技术为依托、医疗应用为目的的医用材料，用于临床诊断、治疗、修复、替换以及人体的保健与防护。因此医用纺织品是纺织科学与医学科学结合而形成的新领域，是纺织、医学、生物、高分子等多学科相互交叉并与高科技相融合的高附加值产品。图 5-1 为人造血管和人工心脏瓣膜等医用纺织品，这些创新的纺织品有助于预防和治疗人体创伤和疾病。医用纺织品的研究和开发已经引起了巨大的关注，以促进人类健康作为其首要目标，是纺织品中创新性最强、科技含量最高的品种之一。

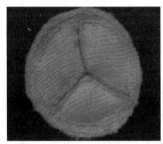

(a) 人造血管　　　　　　　　(b) 人工心脏瓣膜

图 5-1　医用纺织品示例

5.1　医用纺织品分类及设计原理

5.1.1　分类
5.1.1.1　按形态分类
医用纺织品根据形态可分为微纳米纤维、各种类型的纱线、机织物、针织物、非织造织物和编织物以及各种复合结构产品。用于医疗领域的纤维必须具有无毒、非过敏、非致癌、生物相容性等特性，并且能够在不改变其物理和化学特性的情况下进行灭菌。根据来源可分为天然纤维和合成纤维，植入人体内的天然纤维具有强免疫原性反应和疾病传播等缺点。合成材料通常具有生物学惰性，并且具有批次间的一致性。常用的生物合成纤维主要有聚酯、聚酰胺、聚四氟乙烯、聚丙烯、碳纤维和玻璃纤维。根据降解性能可分为可生物降解的纤维和不可生物降解的纤维。可生物降解的纤维在植入后一段时间内会被人体吸收，如棉、黏胶纤维、胶原蛋白和海藻酸盐等。生物降解可通过裂解水解或酶促降解而发生，大多数天然聚合物都会发生酶促降解。可生物降解的纤维在生物医学领域具有巨大潜力，但需要注意可生物降解的纤维的降解时间和速度与组织愈合或细胞再生过程的速度相匹配。

5.1.1.2 按应用分类

应用类型的数量庞大且多样，从简单到高级，可分为以下四个特定应用领域[2]。

(1) 植入性纺织材料基医疗器械。可植入医用纺织品是患者用于伤口闭合、置换手术用的生物材料，如缝合线、人工韧带、血管移植物、心脏瓣膜、人造皮肤等。这些医用纺织品既可以是软组织的替代物，也可以是坚固骨骼的替代物。可植入医用纺织品对于人体的修复和重建是不可或缺的。由于人体的安全性及生物复杂性，可植入医用纺织品需要非常复杂的技术，以保证其在体内的安全性、有效性及可靠性。丝绸是可植入医用纺织品领域中唯一成功采用的天然纤维，合成纤维材料已得到大量应用[2]。

(2) 体外装置用纺织材料基医疗器械。患者使用的体外装置医疗器械是指用于血液净化的机械器官，如血液透析、血液过滤、血浆单采或体外膜氧合。要使这些装置发挥人工肾、人工肝脏和机械肺的功能，需要精确的设计和制造。由多孔中空纤维制成的医用过滤器为肾、肝、肺和胰腺等衰竭的人体器官提供长期或暂时的体外支持。改性纤维素材料，包括乙酸纤维素、三乙酸纤维素和铜氨纤维用于血液透析器。此外，合成聚合物如聚砜、聚酰胺和聚丙烯腈用于合成中空纤维膜。与纤维素基膜相比，这些合成中空纤维膜具有更大的孔径、更高的透水性和更高的通量[2]。生物相容性是与生物直接接触材料的最重要的标准。

(3) 非植入性纺织材料基医疗器械。非植入性纺织材料基医疗器械用于人体不同部位的表面伤口治疗，作用为防止感染、吸收血液和渗出物、促进伤口愈合。产品类型主要包括伤口敷料、绷带、膏药、吸收垫、纱布、衬垫、压力服和矫形带、加热垫等。绷带有各种尺寸、分类，并提供多种功能，如黏性绷带、管状绷带、绉布绷带和压缩绷带，应具有弹性、透气性、可拉伸性、防滑性、支撑性和不黏着力。用于伤口愈合的医用敷料常见类型有纱布敷料、浸渍敷料、透明膜敷料、复合敷料、生物敷料和吸收性敷料，这些敷料由不同类型的纤维制成，天然纤维如棉和丝绸，合成聚合物如聚酯、聚酰胺、聚丙烯、聚氨酯、聚四氟乙烯、海藻酸盐、蛋白质、聚乙醇酸、再生纤维素、甲壳素、壳聚糖等。经编间隔织物具有高透气性、优异的压缩弹性和缓冲性、良好的抗弯曲性能、良好的悬垂性、可调节的蒸汽传输、高硬度和强度重量比。压缩产品是含有弹性纤维的针织物或机织物，用于稳定、压缩、支撑底层组织，并通过在所需身体区域表面施加大量机械压力来限制运动[2]。

(4) 保健和卫生用纺织材料基医疗器械。医疗保健和卫生产品多用于医院和医疗保健行业。这些产品种类繁多，但通常用于手术室或医院病房，以确保员工和患者的卫生和安全。卫生用品和个人护理用品有着巨大的市场。这些产品包括女性护理用品、婴儿尿布和成人失禁用品，这些产品为生活提供了便利。然而，随着卫生用品和个人护理用品的数量持续增长，可处置性、可持续性和环境问题成为最严重的问题之一。高吸收性聚合物（SAP）是个人护理用品（如婴儿尿布、女性护理用品和成人失禁用品）吸收芯的主要成分，能够在短时间内吸收大量水和水溶液，如血液和尿液（高达其原始重量的数百倍），其形状和结构不会发生任何变化，并可在轻微的机械压力下保持稳定。

5.1.2　设计原理

对于可植入性医用纺织品的设计原理可理解为仿生设计，也就是纺织品需要具有所替代人体器官的结构及功能。在进行可植入性医用纺织品设计时，需要先充分认识所替代器官的结构和功能，通过仿人体器官的结构来实现其生物功能。对于非植入性和医疗保健卫生用医用纺织品，主要从伤口愈合原理、单向导湿原理等方面进行结构设计。

5.2　医用纺织品设计实例分析

5.2.1　人造血管

心血管疾病泛指由于高脂血症、血液黏稠、动脉粥样硬化、高血压等导致的心脏缺血性或出血性疾病。随着我国人口老龄化及城镇化进程持续加速，高血压、糖尿病、吸烟、肥胖等危险因素日趋明显，中国心血管疾病患病率处于持续上升阶段。行业分析显示，2022 年现患心血管疾病人数已达 3.3 亿。血管移植是解决血管疾病的有效方法，而最早的人造血管是在 20 世纪 40~50 年代出现的，首推的是针织结构的锦纶人造血管。中国是在 1958 年由上海胸科医院与苏州丝绸科学研究所合作研制纺织人造血管，上海中山医院与上海丝绸科学研究所云林丝织试样厂合作进行真丝人造血管的研究，在 1959 年成功研制机织尼龙人造血管，填补了国内空白[4]。

之所以选择纺织结构是因为纺织基人造血管具有成型方式简单、力学性能优良等优点。相比于针织血管，机织血管的管壁具有适当的紧密度，无须预凝，目前在大口径人造血管中已有很好的应用。钱小萍老师研究纺织基人造血管三十余年，既参与了中国第一代纺织基人造血管的研究，又发明了中国第二代纺织基人造血管——机织涤纶毛绒型人造血管。她对纺织基人造血管作出如下定义：采用高分子化合物的纺织材料，通过纺织机械，应用纺织技术制成的管状物体，再经造纹处理形成 360° 可弯曲，而不会发生扭曲和萎陷的柔软的螺旋形管状织物。它的功能是当人体血管发生阻塞、创伤断裂、动脉缩窄或患动脉瘤需切除时，可用相应口径的人造血管接上，以挽救人的生命[4]。人造血管的研究成功在纺织和医学史上都具有十分重大的意义。

目前直径小于 6mm 的小口径人造血管（包括机织血管）易形成血栓或内膜异常增生，从而导致人造血管移植后远期通畅率低，尚不能满足临床应用需求[5,6]，也是目前研究的热点与难点。内膜异常增生和血栓形成的直接原因在于移植区域血流动力学参数的扰动及变化，而影响移植区域血流动力学的主要力学因素是顺应性的不匹配，主要的结构因素是内层表面结构的不匹配[7]。因此本节将首先介绍人体血管的特征，在此基础上利用不同的纺织技术和结构来仿生模拟人体血管的结构特征和功能特征，从而达到结构和功能的匹配。

5.2.1.1　人体血管特征

人体血管系统非常庞大，可分为动脉、静脉和毛细血管，人体血管系统如图 5-2 所示。

动脉是向身体器官输送血液的通道，静脉是将血液回收到心脏的通道，毛细血管直径为7~9μm，是连接微动脉与微静脉之间的血管，负责微循环中血液的转移。人体全身血管粗细不同、厚度不同且有很多分支，如图5-3所示，在设计和织造人造血管时需要对移植区域内的血管结构特征进行分析，进行结构和性能最近似的人造血管移植。

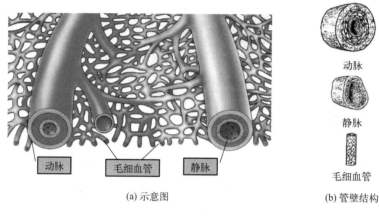

(a) 示意图　　　　　　　　　　　(b) 管壁结构

图5-2　人体血管系统

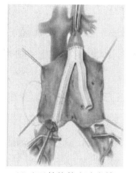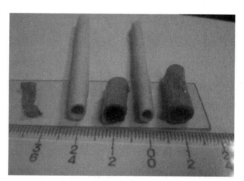

(a) 分叉结构的人造血管　　　　　　(b) 不同直径的血管及其移植物

图5-3　人体血管及人造血管形态

机织人造血管具有孔隙较小、较硬挺的特点。常用于心脏周围高压区域的血管置换。针织人造血管分为纬编和经编两种，纬编人造血管由于其本身组织原因具有易卷边、易开裂、易脱丝的缺点，虽然延展性较好，但管壁弹性回复性相对较差，与自体血管顺应性不匹配，植入人体后会发生缓慢的径向和纵向蠕变，从而导致移植失败。经编人造血管同时具有机织血管和纬编人造血管的优点，在临床中被广泛应用。首先，经编人造血管的结构比纬编人造血管稳定性更好，植入人体后不会出现过分的卷边、脱丝、扩张等现象，和机织血管类似，通过对其进行波纹化处理和高温热定形处理可提高经编人造血管的顺应性，如图5-4所示。相比于机织人造血管，经编人造血管有不易散边、易于缝合、顺应性较高等诸多优点，因此经编人造血管成为当今商品化的主要产品之一。

小口径人造血管的内径很小，血液流动速度慢，阻力较大，所以须将人造血管的内表面

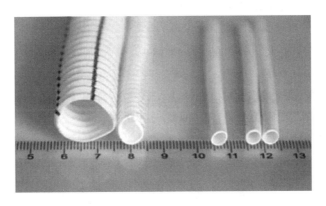

图 5-4 波纹化处理的人造血管及小口径人造血管

设计成微结构，以满足应用需要。非织造的生产方法可满足这一要求，目前研究较多的是静电纺丝装置制备的人造血管，如图 5-5 所示，使形成血管的材料沉积在圆柱形状的收集杆表面，该血管的内径大小和收集杆的直径相等，由于是通过静电纺丝的方法制备的，该血管的纤维线密度可达到纳米级，而且为弥补其力学性能的不足，往往是通过与编织或针织的方法得到的支架复合以改善其力学性能。另外，浇铸成型也是制备非织造人造血管的重要方法，血管的尺寸和厚度取决于模具。非织造人造血管要求材料能被预制成浆料，目前常用的主要是丝素蛋白、膨体聚四氟乙烯、聚氨酯等高分子材料[8]。

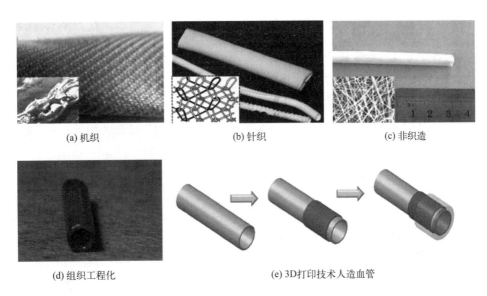

(a) 机织　　　　　　　　(b) 针织　　　　　　　　(c) 非织造

(d) 组织工程化　　　　　　(e) 3D打印技术人造血管

图 5-5 静电纺复合人造血管

目前作为腔内隔绝术用人造血管的织物，除具有一般人造血管织物的性能外，还要求具有更小的厚度，一般不超过 0.1mm；较低的渗透性能，一般要求透水率不超过 $300mL/(cm^2 \cdot min)$。由于亚洲人胸主动脉直径相对较小，加上输送器的粗细、支架的刚度等限制，一般要求支架所覆织物的厚度在 0.06mm 左右，同时渗透性及力学性能等都需满足一定的要求[9]。

5.2.1.2　第一代和第二代人造血管的仿生设计

1963 年，涤纶人造血管（直型和 Y 型）研制成功，并正式应用于人体。人造血管的弹性、强力、渗血量、管壁厚度等一系列技术指标均达到了要求，被称为中国第一代人造血管[4]，如图 5-6 所示。该血管采用简单的机织平纹结构，纱线为涤纶长丝，表面光滑，基本没有弹性，因此和人体血管在结构上有很大区别，还需进一步减少渗血量，加快人体组织生长和愈合。

20 世纪 70 年代初，美国迪倍盖（Debaky）公司推出一种"鹅毛绒"人造血管，它是一种针织结构的圈绒织物（图 5-7），但该结构的血管孔度大，易变形，尺寸稳定性差，故需要利用机织结构来实现。钱小萍等从纱线结构、织物组织、经纬密度和加工工艺四方面进行设计。

图 5-6　中国第一代人造血管结构[4]

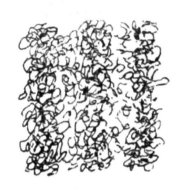

图 5-7　美国"鹅毛绒"人造血管结构[4]

（1）纱线结构。采用涤纶假捻变形纱进行织造，假捻变形纱是采用分段法或连续法将长丝纱经高度加捻、热定形及退捻的变形工艺而制成的变形纱，具有较好的弹性、卷曲性和蓬松性。

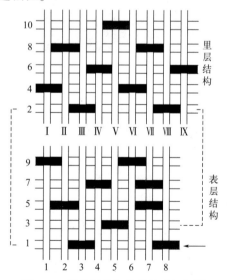

图 5-8　缎纹管状织物的基础组织[4]

（2）织物组织。前期应用的人造血管基础组织均为平纹组织，但平纹组织所构成的管状织物交织最为紧密，浮长最短（浮点数等于 1），表面平滑，没有绒毛形成，也不利于内皮细胞的生长。为此钱小萍设计研究出一种以缎纹组织为基础组织的复杂管状组织，基础组织如图 5-8 所示，为 5 枚缎纹。缎纹管状组织的横切面如图 5-9 所示，上机图如图 5-10 所示。试验结果表明，该组织松软适度，有利于绒毛的形成。

（3）经纬密度。为减小管壁的孔度和渗血量，必须加大经纬密度，但经纬密度增加又会影响绒毛效果。最后，通过进一步改进组织结构，采用了增加组织浮点、增长浮长线的办法，提高织物的覆盖率，使纬线相互挤压、覆盖，从而促进绒毛的产生，又减少了织物的渗血。其织物的经纬密度配置为：经密 1600~1700 根/10cm，纬密 1100~1200 根/10cm，组织浮长线之浮点数由 4 根提高到 7~10 根，织物覆盖率为 125%±3%。

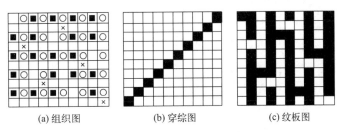

(a) 组织图　　　(b) 穿综图　　　(c) 纹板图

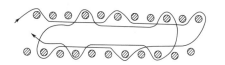

图 5-9　缎纹管状组织的横切面[4]　　　　图 5-10　缎纹管状组织的上机图[4]

（4）加工工艺。首先，在织造过程中，要控制好经纬线的张力。还要注意两边边经的穿箔根数按稀密逐渐过渡，否则会造成两边密度与中间密度不均匀。之后将织成的坯管在沸水中进行预缩处理，使每根纤维能较充分地收缩、卷曲和蓬松，从而促使管壁结构产生绒毛的效果。其次，根据坯管的直径，选择比该坯管略小的玻璃杆，并在玻璃杆上用塑料线绕成螺旋形的纹路。其纹路的密度依据管径的大小而有所差别，一般 3~6 圈/cm；然后将预缩的坯管套在该玻璃杆上，再用塑料线沿着玻璃杆的螺旋纹凹槽扎紧。这里必须注意不能扎得太紧，要略留有余地；扎好后放入沸水中定形 10min 左右，先取出塑料线，再将有螺旋形纹路的织物管在沸水中松式定形 20min；最后经水洗烘干，就形成了具有卷曲绒毛的螺旋形管状纺织人造血管。

通过上述结构和工艺的研究创新，使该血管具有独特的管壁结构。它具有不易脱落的卷曲绒毛、紧度高、不易渗血、结构孔松、易于内皮细胞再生的特点。经过 80 余次的试验改进，1979 年 9 月，机织涤纶毛绒型人造血管临床应用成功，被誉为中国第二代人造血管。然而，如何使人造血管能形成一种理想的管壁结构，以减少渗血量，加快人体组织生长和愈合，一直是医学界、科学界追求和探索的目标。这就需要进一步分析血管壁的结构特征和性能特点，通过仿生设计，使人造血管尽可能接近人体血管的结构和性能要求。

5.2.1.3 基于顺应性要求的仿生多层管壁结构设计

动脉管壁的结构如图 5-11 所示，可以分为内层、中层和外层，每一层都有占主导地位的结构和细胞类型。内层有两部分，最内层和血液相接触的是内皮细胞，它不仅影响血管的生理特性，也参与某些疾病的病理过程，它的力学性能相当小，但是有很强的再生能力。内皮细胞外面是一层分岔的弹性纤维——内弹性层。中层是肌肉层，是动脉壁中最厚的一层，可分为若干同心的弹性层壳，由一些胶原蛋白纤维和弹性蛋白纤维穿过层壳上的孔洞，以三维形式将层

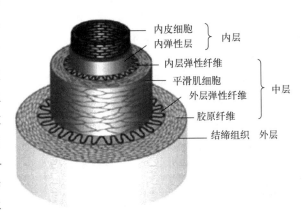

图 5-11　动脉管壁结构示意图[10]

壳紧紧连接在一起。在收缩状态下，血管壁层壳内胶原蛋白纤维随机地屈曲；受力时，胶原

蛋白纤维呈螺旋形。外层是松散的结缔组织，没有明显的外弹性膜。血管壁的力学性能主要取决于中层的胶原蛋白纤维、弹性蛋白纤维和平滑肌的性质、含量及空间结构。在低应力下，承载体主要是弹性蛋白纤维和平滑肌；在高应力下，胶原蛋白纤维是主要的承载体。

人体血管是有一定弹性的，能够在血压作用下进行收缩和扩张。血管的这种弹性用顺应性这一指标表示，即在脉动压力下，血管直径随着压力的变化不断扩张和收缩的能力。血管纵向顺应性是表征轴向形变的能力，纺织人造血管通过管壁的波纹化处理，可大大改善纵向顺应性，使其接近与之相连接的宿主血管的水平。血管径向顺应性是指血管在承受周期性脉动压力作用下内径的变化情况[10]。径向顺应性的匹配是目前仍需要解决的问题。

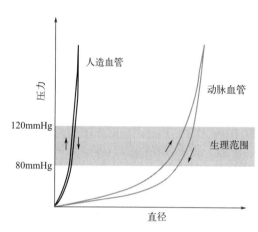

图 5-12　顺应性特征曲线[11]

如图 5-12 所示，对血管径向顺应性起重要作用的主要是由纤维状的弹性蛋白和胶原蛋白组成的管壁中层。其中，胶原蛋白纤维具有较大的拉伸模量，且沿周向呈随机屈曲状分布；而弹性蛋白纤维具有较小的拉伸模量，沿周向处于伸直的形态。在人体正常血压条件下，当血管内壁压力较小时，周向伸直状的弹性蛋白纤维先受到拉力，使血管产生扩张。弹性蛋白纤维的拉伸模量较小，因此较小的血压变化就会产生较大的血管直径变化。此时，屈曲状的胶原蛋白纤维不产生拉伸作用。随着血管内压力的增加，屈曲状的胶原蛋白纤维逐渐伸直。当压力增大到一定值时，例如在高于收缩压时，屈曲状的胶原蛋白纤维完全伸直，并开始受力变形，由于其较大的弹性模量，血管直径的变化很小。这使血管径向顺应性表现为随着压力的增加而减小的趋势，这种变化特征是人体血管所固有的，所谓血管径向顺应性的匹配就是指人造血管的直径随血压的变化等同于宿主血管在相同压力下的直径变化[10]。

因此在血压作用下，弹性蛋白纤维先受力，而后与胶原蛋白纤维一起受力，赋予动脉管壁非线性、各向异性、黏弹性及在低压下弹性模量较小和在高压下弹性模量变大的特殊顺应性的生物力学特点。如图 5-12 所示[11]，即人造血管管壁周向的拉伸变形能力随着拉伸伸长量的增加而下降，在拉伸倍数高于 1.4（或压力高于 120mmHg）时下降得尤其快。

目前商业用机织血管（woven Dacron® graft）却是均匀的单层结构，并表现出线性的顺应性特征。如图 5-13 所示，顺应性不匹配会引起血管壁剪切力不规则分布，在吻合口处形成应力集中，特别是对于小口径的人造血管，这种现象更为显著。但是迄今为止，还没有相关的理论指导、合适的材料和技术来提高小口径人造血管的顺应性，并达到与宿主血管顺应性特征的匹配。

为了模仿人体血管的压力—周向拉伸性能，人们研发了多种材料或结构的人造血管，采用具有不同弹性模量的纱线或多层织物来模拟弹性蛋白纤维和胶原蛋白纤维，并且使高弹性模量的纱线或织物层处于屈曲状或者外层在高压下才受力。图 5-14 为具有两种不同弹性纱线的管壁结构，将具有低弹性模量的聚亚胺酯单丝和具有高弹性模量的蓬松聚酯复丝进行组

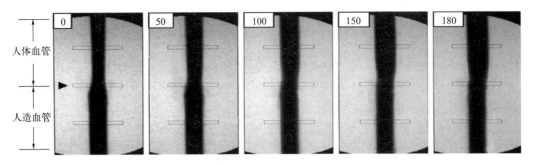

图 5-13 压力范围为 0~180mmHg 时血管吻合口处的数字造影图像[11]

合，使纺织人造血管的顺应性类似于人体的颈动脉。还可采用同轴多层结构的人造血管，内管在低压下表现出优异的径向变形能力，能够随脉动压力的变化产生较高的膨胀性和收缩性；外管在高压下表现出较小的径向变形能力，能够承受较高的脉动压力[10]。

（1）纱线模拟。单一或多种组分的聚对苯二甲酸乙二醇酯（PET）弹力纱线既可单独使用，又可与其他形式的纱线结合起来织造人造血管，如聚氨酯（PU）材料、卷曲的

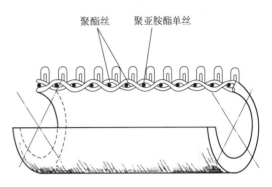

图 5-14 具有两种不同弹性纱线的管壁结构

尼龙、聚亚胺酯等。其中弹性纱的伸长性能是很重要的，伸长率低于90%的弹性纱的弹性回复率不应低于5%，经膨化处理后卷曲伸长率不应低于200%，在300%~600%的效果最好。这种弹性纱线织造而成的管状结构织物在人体内持续搏动过程中不易失去弹性。另外，该弹性纱线表面会形成圈状卷曲，织造后会使人造血管具有适当的渗透性和紧密程度。

（2）结构模拟。索那达（Sonoda）等[12] 采用分段聚氨酯（SPU）材料，利用双层管壁的结构，实现了对动脉顺应性的仿生。即内管拉伸模量较低，有较强的直径变形能力，具有和动脉弹性蛋白纤维类似的性能；外管拉伸模量较高，有较低的直径变形能力，具有和胶原蛋白纤维类似的性能，如图 5-15 所示。同时 Sonoda 等还比较了同样血压范围内人造血管和犬颈动脉的直径变化。结果表明，该人造血管在试验中取得了良好的仿生效果，且在植入动物体内一年后仍保持较高的顺应性[13]。

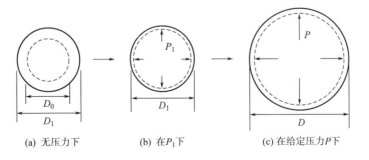

（a）无压力下   （b）在P_1下   （c）在给定压力P下

图 5-15 双层管壁结构仿生示意图

辛格（Singh）等[5,14]报道了通过针织结构模拟人体血管顺应性特征的设计，该设计采用的是纵向分节针织血管的设计概念，如图5-16所示。高模量与屈曲的低模量结构单元相隔连接而成，从而实现在低压力下，只有低模量单元受力而表现出高的顺应性；在高压力下，两个结构单元同时受力，表现出较低的顺应性。体外顺应性测试结果显示，在整个压力范围内该设计具有与人体血管良好的一致性。

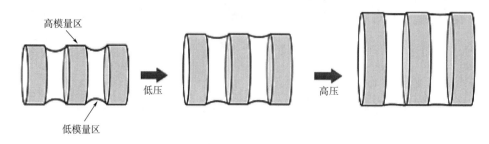

图5-16　纵向分节针织血管的设计概念图[5,14]

陈莹[10]利用聚对苯二甲酸丙二醇酯（PTT）长丝作为纬纱织造内层和PET长丝织造外层，获得了双层管壁机织血管试样。如图5-17所示，试样的外层织物周向呈屈曲状，套在内层织物的外表面[15,16]。管壁顺应性表现出随着压力变化呈现良好的响应性，但顺应性大小仍未达到要求。高洁[17]、赵学谦[18]、毛毛[19]分别进行了PET与PTT配合、PET与PU配合的双层织物的结构设计优化及管状织物成型的研究。所研制的PTT、PU机织血管明显高于PET血管的顺应性值。所设计的不同纬纱配合的双层管状织物，可体现人体血管顺应性变化特征；对影响机织血管几何尺寸和拉伸性能的因素进行了试验设计和测试分析，并织制了不同的内外管径差和不同的内外拉伸模量的双壁管，对影响和控制其顺应性的因素进行了分析和研究。

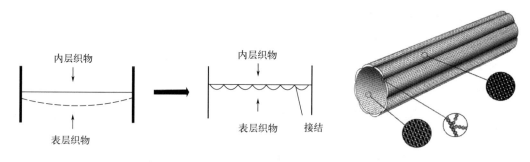

图5-17　双层管壁机织血管试样

在该结构设计中采用与目前使用最为普遍的PET同族的PTT作为织制机织血管的纤维材料，利用PTT长丝较低的拉伸模量和良好的弹性回复能力来提高机织血管顺应性。纱线力学性能测试表明，PTT具有优异的力学性能，适应机织血管性能的需求。对所织制的PTT机织血管的顺应性测试表明，与临床大量使用的PET机织血管相比，顺应性有了显著的提高。在此基础上，通过不同组织和结构参数的试样分析了织物结构参数对于顺应性的影响。

根据试验数据，利用最小二乘法建立了拉伸模量、顺应性与织物结构参数的关系模型。分析表明，纱线线密度、纱线初始模量、织物组织浮长和经纬密度都会影响管壁织物的拉伸性能，而影响机织血管顺应性和拉伸模量的最大因素是纱线性能。

以人体动脉的结构和力学性能为依据，内层管壁采用模量较低和弹性回复性较好的 PTT 长丝作为纬纱，外层管壁采用模量较高的 PET 长丝作为纬纱，以此来模拟动脉在生理血压范围内对脉动压力的响应特征。所织制的双层机织试样的纬向，外层织物长于内层织物，存在明显的长度差异，即在内外层织物沿纬向的两个接结点之间，外层织物呈屈曲状并通过接结点固结在内层织物的表面。在压力低于 120mmHg 时，这种结构使双层管壁机织血管的顺应性较低；而在较高压力下，双层管壁机织血管的顺应性提高，实现了人造血管的顺应性随着脉动压力的不同而变化的特征，即在生理血压范围内其顺应性表现出类似动脉的特征。

根据临床使用的人造血管试样的分析可知，目前用于机织血管的织物组织大多采用平纹组织、斜纹组织或者两者的联合组织，同时由于织物浮长线的限制，设计的双层管壁机织血管的基础组织选用 3/1 斜纹、2/2 斜纹和 2/2 平纹。以此为基础，配合使用 PTT 或 PET 作为纬纱，研究结构参数和纬纱性能对于双层管壁机织血管的内外层织物长度差的影响。图 5-18 为斜纹/平纹双层织物组织图及织物纬向横截面结构图。内外经排列比为 1∶1，内外纬排列比为 2∶2。

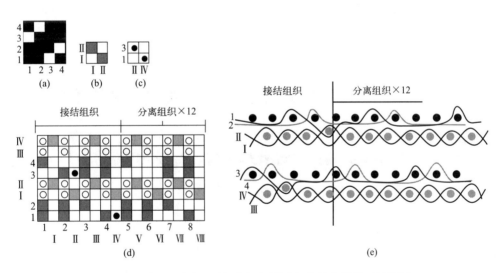

图 5-18　斜纹/平纹双层织物组织图及织物纬向横截面结构图

从试验结果中可以得到如下结论。

（1）纱线性能。内外层织物纬纱性能的不同是形成内外层织物纬向长度差的主要因素。PTT 纱线和 PET 纱线初始模量的差异引起了内外层织物的织缩率，从而产生双层织物的长度差。

（2）纱线线密度。在相同张力作用下，随着内层织物中 PTT 纱线线密度的增加，内层织物纬向缩率减小，内外层织物纬向的长度差明显减小。

（3）织物组织。织物缩率大小次序为：平纹>2/2 斜纹>3/1 斜纹。

（4）干热热定形工艺。随着定形温度的升高和时间的增加，试样内外层织物的长度差逐渐减小。经热定形后，外层织物热收缩率大于内层织物，从而造成内外层长度差随着热定形温度和时间的增加而降低。

毛毛[19]的研究也表明，双壁管在受力的过程中，在应力—应变曲线上反映出较明显的转折。这个转折是由于内外层之间的长度差产生的。曲线在转折后的拉伸模量比转折前有了不同程度的增大，都表现出小压力下低模量，大压力下高模量的特点。对于内外层材料相同的试样来说，转折后的模量约是转折前的两倍；而对于内层纬纱为弹性纱线，外层纬纱为模量较高的纱线的试样来说，模量增大了二十几倍。在对宿主血管顺应性压力变化认知的基础上，可以通过不同材料的模量搭配来匹配宿主血管的顺应性。内外层的长度差会对影响应力—应变曲线转折点的位置。可以利用纬纱张力、组织变化或经纱根数变化等改变内外层之间的直径差，从而影响应力—应变曲线发生转折点的位置。

5.2.1.4 血管其他特征的仿生结构设计

人体血管不是简单的圆直形，而是有一定的锥度，为1°~3°，也就是血管管径是连续变化的[20]。在已有研究基础上，孟粉叶等[20]将设计这种连续变化管径总紧度为70%，选取2/2斜纹、3/1斜纹及1/3破斜纹这三种基础组织为管壁的织物组织，试样的锥度设定为1°、1.5°和2°。管壁织物的长度为100mm，大端直径设计为12mm，小端直径随锥度角变化，大端经纬密度相同，从大端到小端纬密随经密的增加而减小。织造仪器为自主改造且配有自主开发的软件控制系统的剑杆小样织机。在织造过程中可以改变经纱密度，需要对钢筘装置进行改进。锥形机织人造血管如图5-19所示，织造参数见表5-1。经纱为线密度为30dtex的医用PET单丝，纬纱为30dtex/12f的PET复丝。

图5-19 锥形机织人造血管[20]

表5-1 锥形机织人造血管织造参数[20]

样品编号	锥度/（°）	基础斜纹组织	大端经纬密度/（根/10cm）	小端经纬密度/（根/10cm）	大端直径/mm	小端直径/mm	有效长度/mm
1	1	1/3 破	1300×1552	1759×1219	10	8	114.6
2	1.5	1/3 破	1300×1552	1890×1092	12	9	114.5
3	2	1/3 破	1300×1552	1941×1037	13	8	143.2
4	1	2/2	1300×1552	1759×1219	10	8	114.6
5	1.5	2/2	1300×1552	1890×1092	12	9	114.5
6	2	2/2	1300×1552	1941×1037	13	8	143.2
7	1	3/1	1300×1552	1759×1219	10	8	114.6
8	1.5	3/1	1300×1552	1890×1092	12	9	114.5
9	2	3/1	1300×1552	1941×1037	13	8	143.2

在织造完成后，管壁织物为扁平状，下机后还需进行热定形处理。热定形处理需要将管壁织物套在如图 5-20 所示的锥形管模具上，然后将其置入 190℃ 的鼓风干燥箱中定形 10min。

(a) 热定形前　　　　　　　(b) 不锈钢锥管定形模具　　　　　　(c) 热定形后的9种试样

图 5-20　锥形机织人造血管壁织物热定形

5.2.1.5　管壁内表面仿生设计

人体血管内腔表面存在螺旋纹理，使血流呈旋流态。斯通布里奇（Stonebridge）和布罗菲（Brophy）指出[21]，血管内腔的螺旋纹理可能反映了弹性血管壁所固有的结构特点，血液的旋流模式有利于血管内皮损伤的修复。目前临床应用的机织人造血管的波纹都是热定形后处理得到的，且互相平行，垂直于人造血管中心轴，因此商业用人造血管内壁并不具备这种螺旋结构。这也是提高小口径机织人造血管血流动力学匹配性的关键因素。因此，根据血流动力学要求，系统研究仿生设计的具有顺应性匹配及螺旋线内层结构的双层机织人造血管有非常重要的理论及临床意义。

莫尔比杜奇（Morbiducci）等[22] 的研究结果证实了血液螺旋流的重要特征，并且它的血流动力学变化在力学和生物学通道上都可以引起内膜增生。卡罗尔（Caro）等[23] 将常规商业用的 ePTFE 经过热定形处理得到螺旋三维构造的人造血管，可产生类似生理性的螺旋流；将其植入猪的颈动脉—颈静脉分支，8 周内的试验结果显示，经过热定形处理的螺旋构造的血管所引起的内膜增生比常规的 ePTFE 少很多。

张鹤[24] 通过流体动力学模拟证明了内壁的螺旋结构可以提高管内壁附近流体的速度，并与国外人造血管制造公司合作，制造出具有螺旋褶皱的聚酯人造血管和具有平行褶皱的聚酯人造血管，以犬模型进行初步的动物试验。但是具有螺旋褶皱的聚酯人造血管是如何制备的以及动物试验结果在论文中未给出详细阐述。詹（Zhan）等[25] 使用计算流体力学分别研究了内置旋流引导器的新型小口径人造血管、S 型搭桥模型中的流场以及壁面剪切力的分布。结果表明，在心血管介入治疗和器械设计中引入旋动流确实可明显改善这些器械中的血流流场，达到抑制小口径人造血管的急性血栓形成和搭桥手术后血管内膜增生的目的。杨夫全[26] 设计了一种新的织物结构，如图 5-21 所示，使人造血管在织造过程中直接产生波纹，即人造血管的自波纹化，避免波纹化热定形处理对机织人造血管织物性能的破坏作用，同时自波纹化的人造血管表现出一定的可弯折性能和良好的流动稳定性。杜雪子等[27] 采用静电纺丝装置收集滚轴添加螺

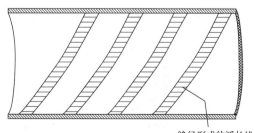

缝经形成的浮长线

图 5-21　管状织物管内波纹效果图[26]

旋波纹化处理装置，可较好地满足血液稳定流动以及弯折性能的要求，但其织造的静电纺丝人造小血管的顺应性还有待进一步的改善。

螺旋波纹管的织物表面是凹凸组织，可利用组织结构的特点及经纱的粗细与张力变化，在织物表面上形成各种效果显著的立体效应的花纹图案。织物中花型凸起部分是由密度较大、纱线张力较小的地经、地纬交织成平纹组织。织物反面具有纱线线密度与张力均较大的经纱缝经浮长线。缝经与地纬的交织处形成织物正面的凹下部分。凹凸组织根据有无芯纬纱可分为简单凹凸组织、松背凹凸组织和紧背凹凸组织，如图5-22所示。松背凹凸组织是指芯纬在缝经之上、地经之下，只起填充作用；紧背凹凸组织是指芯纬与缝经做部分或全部交织。

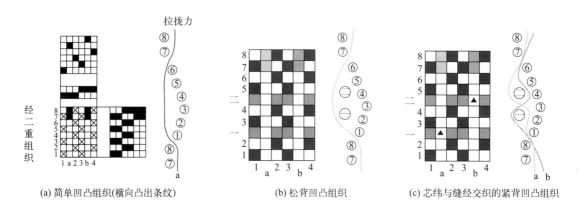

(a) 简单凹凸组织（横向凸出条纹）　　　(b) 松背凹凸组织　　　(c) 芯纬与缝经交织的紧背凹凸组织

图 5-22　凹凸组织

参照凹凸组织中的劈组织设计螺旋波纹管状织物的上机组织，如图5-23所示。劈组织由两个基础组织复合，其中一个组织含有较长的浮长线，采用双轴织造时，形成较长浮长线的经纱作为的缝经，另一系统的经纱作为地经。由于地经张力小，打纬时容易屈曲。在织造时采用双纬和双轴织造，为了使斜纹的倾斜角尽量保持45°，同时减少织造难度，选择两种线密度的纬纱织造，一种纬纱的线密度与经纱一致，另一种纬纱的线密度为经纱的一半，两种纬纱配置比例为1∶1。为了在普通剑杆小样织机上实现凹凸组织的织造，将缝经系统的经纱缠绕在织机经轴上，采用积极送经并保持大张力。而地经系统的经纱采用悬挂重锤的方式加张力形成消极送经方式，保证地经经纱的张力大约为缝经经纱张力的一半[28]。

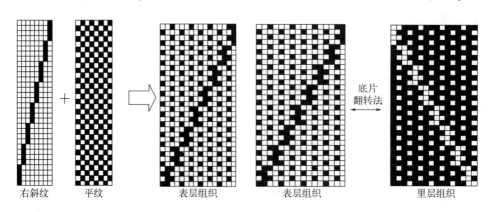

右斜纹　　　平纹　　　表层组织　　　表层组织　　　底片翻转法　　　里层组织

图5-23　螺旋波纹管状织物的表层组织图和里层组织图[28]

5.2.1.6　管壁结构分叉设计

分叉的人造血管可以看作直管、过渡和分叉三个部分组成。如图 5-24 和 5-25 所示[29]，分叉部分是两个完全相同的双层直管，且相互独立，由交替引纬而得到。整个管的管壁层都具有依靠各种接结方法将各层织物紧密地连在一起的双层结构。单层分叉管在过渡部分内层采用"∞"形交叉引纬、外层正常引纬的设计以提高结合部位的抗撕漏性能。

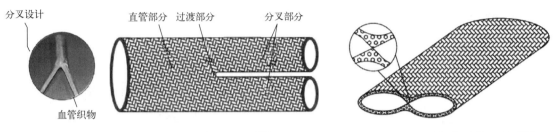

图 5-24　单层分叉人造血管结构示意图[29]　　　　图 5-25　过渡部分引纬示意图[29]

以 2/2 经重平作为基础组织，得到如图 5-26 所示三个部分的织物组织。本设计需要采用改进的四梭箱刚性剑杆自动试样织机，既能够同时提供多根连续的纬纱，解决管边孔隙问题，又可以织出高密、多种形状和特殊要求的管状织物。

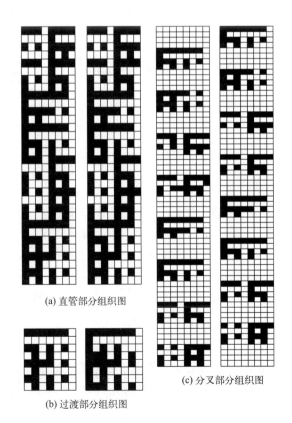

(a) 直管部分组织图

(b) 过渡部分组织图

(c) 分叉部分组织图

图 5-26　分叉人造血管的织物组织图[29]

刘泽堃等[30] 用类似的方法设计了纤维基腔内隔绝分叉的机织人造血管，如图 5-27 所示，并得出如下结论：24dtex/12f 蚕丝生丝用作经纱，无论以 24dtex/12f 蚕丝熟丝为纬纱还是涤纶为纬纱，当经密为 1100 根/10cm、纬密在 800～2000 根/10cm 时，所得人造血管的渗透性随着纬密增加而减小，径向拉伸强度和顶破强度都呈现随着纬密增加而提高的趋势，厚度则呈现随着纬密增加而增加的趋势。全真丝人造血管的力学性能略优于真丝与涤纶混构的人造血管。综合考虑腔内隔绝型人造血管的强度、厚度和水渗透性可知，通过机织方法得到的腔内隔绝型真丝人造血管的性能优越，适合具有超薄、低水渗透性特征的腔内隔绝型人造血管的制备。

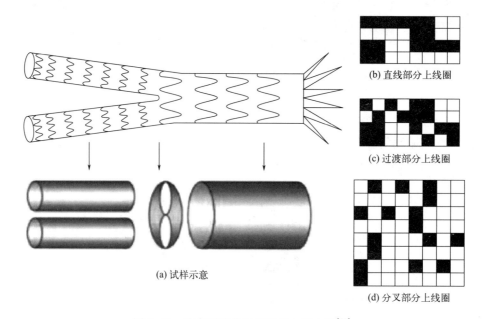

图 5-27　腔内隔绝分叉的机织人造血管[30]

5.2.1.7　多层人造血管仿生设计

李刚等[31] 对多层人造血管的管状织物设计方法和构成原理进行了探讨，结果表明。

（1）多层人造血管的基础组织的选择受到层数和最大综框数的限制。当综框数不超过 20 页时，若设计双层管，则可选基础组织的经纱循环数≤5；若设计三层管，则可选基础组织的经纱循环数≤3；若设计四层管，则可选基础组织的经纱循环数只能为 2，即平纹组织。

（2）多层人造血管的接结组织以选择自身接结组织为佳。

（3）多层人造血管的总经根数为各层的经纱数之和。

（4）为保证折边处连续，每层的经纱数都需单独考虑飞数的影响。

（5）多层管的纬纱选择以编号相近的梭子为好，同时要注意每把梭子的引纬循环必须为 2。图 5-28 为里经接结的三层管状织物组织图，图 5-29 为里经接结的四层管状织物组织图[31]。

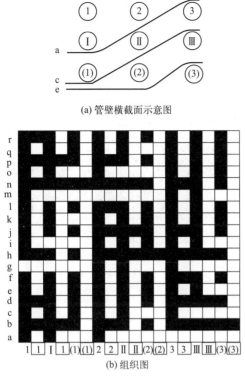

(a) 管壁横截面示意图

(b) 组织图

图 5-28 里经接结的三层管状织物组织图[31]

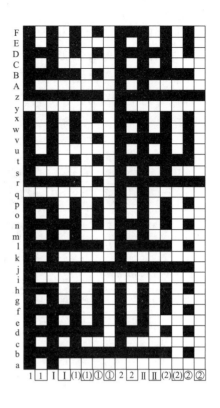

图 5-29 里经接结的四层管状织物组织图[31]

综上所述，人造血管未来的需求量庞大。我国正在努力攻克人造血管的研发难题，在新材料和新技术上不断取得突破。目前我国人造血管的设计和织造存在的挑战为内径小于 4mm 的小口径人造血管的成型和移植后的管腔开放性问题。其研发重点一方面在于提高小口径人造血管的抗血栓能力和促内皮化功能；另一方面是可降解材料在人造血管上的使用。可降解材料是指在生物体内能被逐渐破坏（包括形态破坏、结构破坏和性能蜕变）的材料，其降解产物能被机体吸收代谢、或自行分解而消失。在降解过程中，不应产生对人体有害的副产物。因此，对于人造血管可降解材料来说，要设计可降解材料的降解时间和组织生长、内皮细胞生长时间相匹配；以及基于人造血管生物力学等功能的结构设计、梯度管壁成型技术以及无缝管道多元纺织微成型装备等。

5.2.2 原位开窗用覆膜支架织物覆膜的设计

常规覆膜支架的原位开窗术是临床上治疗突发性复杂主动脉瘤的主要手段之一。然而，常规覆膜支架在原位开窗后，由于球囊扩张后织物覆膜的撕裂、稳定性差等原因，极易发生内漏，造成覆膜支架在人体内失效。王韶霞等[32] 设计并制备出一种具有梯度化结构的原位开窗用织物覆膜，如图 5-30 所示，包括基础区、加固区和开窗区，旨在加强开窗区边缘的抗撕裂能力。结果表明，具有梯度化结构原位开窗用织物覆膜的壁厚小于 0.14mm，水渗透性低于 $300mL/(min \cdot cm^2)$，平纹组织、方平组织、斜纹组织试样的周向拉伸断裂强度高于商用样 Anaconda®，顶破强度基本低于商用样 Anaconda®，基本满足覆膜支架织物覆膜的结构与力学性能要求。加固区为方平组织，基础区为平纹组织，开窗区为平纹组织或斜纹组织，因此加固区的抗撕裂强度优于开窗区，可有效提高织物覆膜加固区的抗撕裂性能。单股纬纱型平纹组织—方平组织—斜纹组织试样的力学性能较好，且织物的各向异性较小，更适合作为原位开窗用织物覆膜，但其长期耐久性能仍需进一步研究。

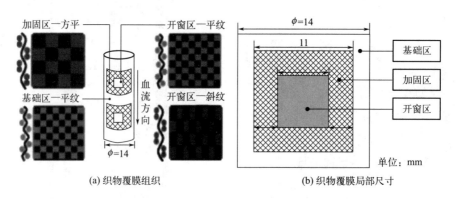

(a) 织物覆膜组织　　　　　　　　　　　(b) 织物覆膜局部尺寸

图 5-30　原位开窗用织物覆膜设计[32]

5.2.3　管状织物的成型方式及医学应用

在上一节内容中主要介绍了机织管状织物在人造血管上的应用以及仿生设计方法。其实在植入性医用纺织品领域，管状织物还有其他很多应用，比如气管假体、人工神经、人工韧带、肠道支架等。下面将系统介绍管状织物的成型方式，然后具体介绍其医学应用。

5.2.3.1　管状织物的成型方式

管状织物的成型方式包括机织、纬编、经编或编织等。机织结构是采用管状织物组织结构，并利用多梭箱的有梭织机进行织造，织机上的状态为扁平状，下机后需要热定形而成型。目前，机织结构的管状织物主要应用于人造血管、人工气管、人工胸壁、人工软骨组织等组织工程。针织管状结构可以利用小筒径圆筒针织机制备，该方式可以实现一次成型，无须缝合织物，因此避免了普通织物缝合处的强力不匀等问题。管状织物的直径可以通过调节针齿数来改变，直径会随着针齿数增加而增加。编织是指沿织物成型方向取向的三根或多根纤维（或纱线）按不同的规律运动，从而使纤维（或纱线）倾斜交叉，并相互交织在一起，形成织物。在人造血管结构设计中已经介绍过机织管状织物的成型，下面介绍编织、针织管状织物的成型工艺。

（1）编织成型。19 世纪 40 年代，汉堡（Hamburger）首次定义了一些与管状编织物性能有关的几何因素；50 年代，布伦·舍尔（Brunn scheiler）深入研究了管状编织物的成型工艺以及几何结构和拉伸性能；60 年代，道格拉斯（Douglass）详细讨论了编织技术及机理，提出编织物作为复合材料增强体可以降低异型构件的制造成本。三维编织物中，每根纱线都通过织物的长、宽、厚方向，多根纱线相互交错形成不分层的三维整体网状结构，编织物结构如图 5-31 所示。三维编织物中的纱线取向具

图 5-31　编织物结构示意图

有三维四向、三维五向、三维六向、三维七向等多种变化形式，以适应不同需要，如图 5-32 所示。

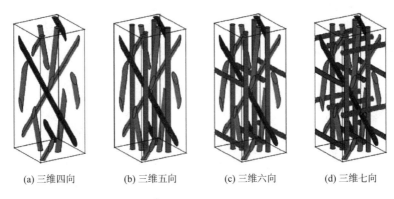

(a) 三维四向　　(b) 三维五向　　(c) 三维六向　　(d) 三维七向

图 5-32　三维编织物中的纱线取向

编织管状织物可以通过锭子式编织机成型。锭子式编织机的工作部分是一个固定的台面，有立式和卧式两种，在台面上有彼此相交并切线连接的"8"字形的槽，锭子装在槽内，并分成彼此相等的两部分，相互均匀交叉并做等速度的相反运动。这样周而复始，往返不断地带动纱锭，使纱线编织在一起形成圆筒状。

三维编织预型件的制作是三维编织复合材料制备的基础，而且预型件的性能（也包括制作方法和工艺）从根本上决定了所制成的复合材料的性能。三维编织的方法有纵横步进法和旋转法编织法，纵横步进法编织分为二步法编织和四步法编织（图 5-33）。可以用于异形结构的净尺寸整体预制成型，例如工字形、L 形等异形截面梁等截面和变截面回转体、分叉、开孔等结构。二步法编织工艺可灵活选择轴纱和编织纱的种类和规格，可编织各种异形件如圆形、工字形和 T 形，所编织预制件的幅宽比较窄，适用于横截面较小的编织。四步法编织可以分为圆形编织和方形编织，圆形编织可以编织出横截面为圆形或圆形组合的织物，方形编织可以编织出矩形或矩形组合的织物。四步法编织也称为行列式编织，起源于佛罗伦萨（Florentine）在 1982 年提出的专利方法。编织纱线以行和列的方式排列成一个矩阵，每一根编织纱线由一个携纱器单独控制，携纱器沿行和列作交替运动，形成具有一定尺寸和形状的整体预成型体。

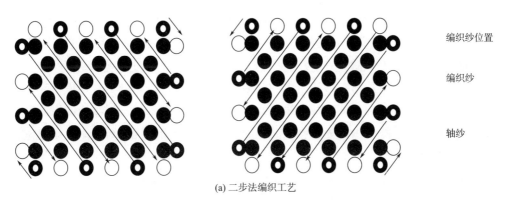

编织纱位置

编织纱

轴纱

(a) 二步法编织工艺

图 5-33

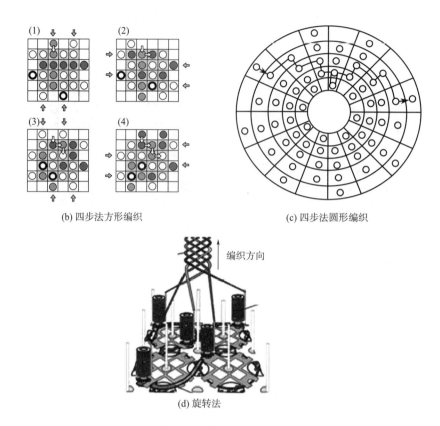

(b) 四步法方形编织   (c) 四步法圆形编织

编织方向

(d) 旋转法

图 5-33　编织原理示意图

旋转法编织设备主要以电动机旋转运动驱动齿轮组运动，从而带动携纱器锭子在编织台面上交错运动，这种设备相对较大，只适用于较小尺寸预制件的编织，但是驱动方式简单、运行速度快，能有效降低制件成本。

编织技术还可按照编织出的织物厚度进行分类，可分为二维编织和三维编织两种。二维编织是指编织出的织物厚度最多是参加编织的纱线或纤维束直径的三倍的编织方法；三维编织是指编织出的织物厚度至少要超过参加编织的纱线或纤维束直径的三倍，且在厚度方向上纱线或纤维束要相互交织的编织方法。

管状编织物最常见的基本组织结构有菱形编织、规则编织和赫格利斯编织三种，如图 5-34 所示。菱形编织又称 1/1 交织结构，即一根纱线连续交替地从另一纱线组中的一根纱线的下面通过，紧接着又从另一纱线组中的一根纱线的上面通过。规则编织又称 2/2 交织结构，即一根纱线连续地从另一纱线组中的两根纱线上面通过，这样交替地进行交织。赫格利斯编织又称 3/3 交织结构，即一根纱线连续地从另一纱线组中的三根纱线的下面通过，紧接着又连续地从另一纱线组中的三根纱线的上面通过，这样交替地进行交织[33]。

（2）针织成型。

①经编管状织物的成型。小筒径圆筒形经编机主要由导纱架、成圈机构、牵拉和卷取机构组成。该织机梳栉为圆形，随着主轴转动做顺时针或逆时针的周向摆动，织针在针槽中做上、下直线运动。在编织过程中，舌针上升到最高位置，梳栉周向摆动 1 个针距完成垫纱，

| (a) 菱形编织 | (b) 规则编织 | (c) 赫格利斯编织 |

图 5-34　管状编织物常见的基本组织结构

舌针下降到最低位置并钩取经纱，脱圈后形成 1 个横列经编开口线圈。选取一定的经编组织，就可形成具有不同结构的管状织物。比如，当组织结构为经平、经绒时，选取一定的筒径和针齿数，织出的管状织物就可作为肠道支架使用[34]。

②纬编管状织物的成型。小筒径圆筒形纬编机主要由舌针、针筒、起针三角、压针三角、导纱器、送纱和牵拉机构组成。织针沿三角组成的组合凸轮形成的运动轨迹，完成退圈、垫纱、闭口、套圈、弯纱、脱圈、成圈、牵拉等动作。为了使管状物的线圈形态和力学性能稳定，目前采用消极式送纱、重锤牵拉等手段[34]。

通过设置不同的针数、转数、花型等参数，在横机上也可以实现不同结构的整体管状织物和局部管状织物的编织[35]。管状织物可在双针床横机上生产，是通过前、后两针床交替循环编织来实现的[36]。因此，在横机上开发管状织物要应用线圈转移工艺[37]。图 5-35 为横机织造的管状织物，在编织有反面效果的管状平针织物时，每排针均要通过线圈转移到相反的针床上。在编织 2×2 罗纹管状织物时，每一个 2×2 罗纹单元循环组织是在选定的织针上编织的。线圈转移阶段则是根据循环要求，在编织前后，将线圈转移到对面的针床上。如前针床编织的线圈横列（b）和后针床编织的线圈横列（a）进行了转移。

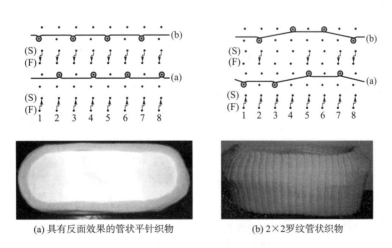

| (a) 具有反面效果的管状平针织物 | (b) 2×2罗纹管状织物 |

图 5-35　横机织造的管状织物[37]

在此基础上也可以织制不同形状的管状织物，如分叉 Y 形、X 形及变化直径的管状织物等。直径变化可以通过改变编织针数、编织密度来实现。Y 形、X 形三维成型管状织物如

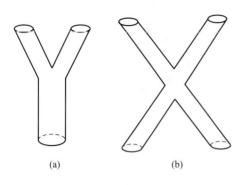

图5-36 Y形、X形三维成型管状织物

图5-36 所示，可以在编织一段长度的管状织物后，选择其中的部分织针继续编织管状织物形成两个支管中的一个；其余织针先握持线圈处于静止状态，待上述织针编织结束后，再编织管状织物以形成两支管中的另一个，由此可形成 Y 形三维成型管状织物。X 形三维成型管状织物，先分别编织两个管状织物，再使这两个相邻的管状织物合并为一个管状织物，并进行适当的收针操作，然后再重复与 Y 形三维成型管状织物相同的编织过程，但分为两管时要进行适当的放针操作，则可形成 X 形三维成型管状织物。Y 形、X 形三维成型管状织物的外形及各管之间的角度可通过调整编织工艺来改变[36]。

5.2.3.2 管状织物的医学应用

（1）覆膜肠道支架。肠道是消化器官中最长的管道，包括十二指肠、小肠和直肠等，全长约7m。当腹部由于恶性肿瘤或其他恶性病变导致肠道狭窄或阻塞时，会影响食物消化吸收及排便，全世界每年结直肠恶性肿瘤新发病例约85万，临床上，针对急诊手术风险大或者多发转移的结直肠癌患者，放置肠道支架可解除梗阻，进行姑息治疗后再配合化疗等辅助治疗手段，是一个有效的治疗思路。近年来，国内外采用各种金属支架作为肠腔内支撑治疗结直肠恶性梗阻的报道逐渐增多，即在肠道狭窄的部位放置一个网状支架将肠道撑开，使狭窄或阻塞的部位重新恢复通畅。覆膜肠道支架可以阻止肿瘤细胞侵入支架网眼内，从而降低肠道再次发生梗阻的概率，而且覆膜肠道支架可以封堵结肠瘘口、穿孔及手术伤口，对于可以切除的肿瘤，植入肠道支架可作为前期的辅助治疗方法，在一定程度上缓解病情，为后期的放射治疗提供更多机会[34]，如图5-37 所示。

(a) 十二指肠支架　　(b) 直肠支架　　(c) 结肠支架　　(d) 小肠支架

图5-37 不同部位的肠道支架

目前常用肠道支架可分为金属肠道支架和塑料肠道支架。塑料肠道支架主要材料为聚乙烯或聚氯乙烯，通过注塑成型获得。该支架暂时性缓解梗阻的效果较好，但易变形，易分解产生有毒物质。金属肠道支架所用材料主要为钛或镍，加工工艺有经编、纬编或编织，该支架的优点是风险低、创伤小、缓解速度快，但易穿孔出血，容易造成应力集中产生组织增生，并且金属会干扰一些影像检查，如核磁共振。传统金属支架植入后的肠镜图如图5-38 所示。

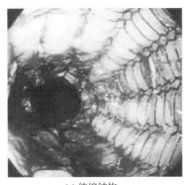
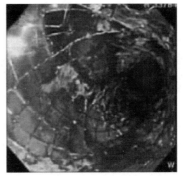

(a) 纬编结构　　　　　　　　　　　　(b) 菱形编织结构

图 5-38　传统金属支架植入后的肠镜图[34]

　　因此，肠道支架材料的一个发展趋势就是制备可生物降解的肠道支架，这种新型支架不需要通过手术取出，而且治疗结直肠癌的效果理想。可生物降解的肠道支架不仅可以起到支撑肠道管腔、缓解肠梗阻的效果，而且可搭载药物进行释放，使局部药物浓度达到很高的范围，进行靶向药物治疗[38]。可生物降解的材料可以是天然的或合成的，可以通过聚合、经编、纬编、编织、静电纺丝或注塑成型制备而成，该支架材料应具有支撑肠道效果好、可降解吸收的优点，但该种材料种类较少，加工难度比较大。谢旭升等[38] 采用 5tex 熟丝和 105tex 聚对二氧环己酮（polydioxanone，PDO）单丝为原材料，采用纬编工艺制备出可降解支架的内层，外层为静电纺丝工艺制备的丝素蛋白搭载姜黄素（curcumin，CUR）和 5-氟尿嘧啶（5-fluorouracil，5-FU）双药的纤维药膜，研制了一种具有良好生物相容性、可降解和可局部给药的新型复合肠道支架。静电纺丝技术作为一种高效、简单、经济的手段而被用于制备载药纳米纤维或超细纤维。其制备过程为：使高分子载药溶液或熔体带电，通过注射器推入高压电场，并在高压电场内发生极化、拉伸、固化，形成纳米纤维或超细纤维。接收处安装一根旋转的钢辊，便于纤维缠绕在钢辊上。最后，形成一定厚度的载药覆膜肠道支架[38]。试验结果表明，该支架可以起到扩张狭窄的肠道、局部缓释抗肿瘤药物、诱导肿瘤细胞凋亡及抑制肿瘤组织生长的作用。

　　（2）人工神经导管。周围神经损伤（peripheral nerve injury，PNI）是一种世界范围内的常见病，但临床上难以治愈，导致中枢神经系统与周围器官之间的感觉和运动神经元通信丧失，严重影响患者的日常活动。外伤患者 PNI 的发生率为 1.2%~2.8%，四肢神经损伤占所有外伤的 40%±10%，其中上肢神经损伤多于下肢神经损伤。同时，治疗费用较高，治疗效果不理想，因此 PNI 的修复仍是世界性的挑战[39,40]。大量研究表明，人工神经导管（nerve guidance conduits，NGCs）除了应具有良好的生物相容性外，还须具有一定的强度、抗压扁能力和弯曲回复性能，更重要的是人工神经导管的内部结构应存在一定的贯通微孔，给神经受损端游离的施万细胞等提供定向迁移生长的平台。

　　静电纺丝技术在人工神经导管的制备上应用较多，这是因为静电纺丝制备的纳米纤维与细胞外基质具有相似结构，为细胞的黏附与增殖提供仿生微环境，同时可负载药物用于在受损部位构建药物释放系统。所用材料主要为可生物降解材料，如以丝素蛋白、PLA 等为原料制作的人工神经导管在体内炎症反应低且可进行生物降解；壳聚糖具有抗菌和抑制炎症的作用；镁元素作为人体内必不可少的微量元素，在适宜的微环境下能够促进施万细胞的增殖，如分泌生长因子和细胞外基质等，从而改善周围神经缺损的修复[41]。静电纺丝构筑人工神经导管，多采用卷起方式，如同生活中卷床单一样，将静电纺丝制备的二维结构纤维膜卷起和固定，从而形成三维空间立体的神经导管。Liu 等[42] 通过高分辨率电流体动力学喷射制备 PCL 纤维，该纤维方向性可调，作为最内层。浸润明胶的水凝胶形成中间层，再用静电纺丝技术制备 PCL 纳米纤维包裹，作为神经导管的外层，制备了三层神经导管。余逸玲等[43] 在有序排列的聚己内酯纳米纤维表面通过掩模板结合同轴静电喷雾沉积密度梯度的重组人酸性成纤维细胞生长因子（aFGF）的胶原蛋白纳米粒子，将多重信号整合到神经导管中，提供理想的微环境，能够有效地促进轴突伸展和周围神经功能的恢复。

但单纯静电纺所制备的人工神经导管力学性能不能达到要求，而稳定的编织结构可起到力学支撑的作用，因此出现了多种工艺和技术复合的多层次复合人工神经导管。编织工艺可以方便地制备出其他纺织技术难以实现的不同形状和尺寸的导管，还可以通过编织机不同号齿轮来方便地控制导管的织入紧度、交织角与导管壁孔隙率。路青青等[44] 应用编织和涂层技术制备了力学性能优异的直径 1.5mm 的蚕丝蛋白神经导管，所用工艺参数是编织角为45°，速度为 45r/min，齿轮比为 36：88。

目前使用的神经导管的管壁厚度大多在 0.1~0.5mm，但三维编织难以编织这一厚度范围的织物，而且弹性较差。而二维管状编织物的轴向伸缩性比机织结构的好，富有弹性，厚度适宜，而且织物表面比针织结构的相对平整。另外，二维编织机的机构简单，工艺不复杂，生产效率较高[33]。因此较多采用二维编织机进行人工神经导管的编织。

克莱门茨（Clements）[45] 使用 60μm 的 PP 纱线形成编织 NGC，具有优异的力学性能、高柔性和显著的抗扭结性，如图 5-39（a）所示，但因孔径太大，存在纤维组织渗入导管的问题。因此采用静电纺纤维和一层透明质酸水凝胶涂覆编织导管，如图 5-39（b）所示。与未涂覆导管相比，编织导管具有更高的轴突密度、肌肉重量和更好的电生理信号恢复。皮莱（Pillai）等[46] 将不同浓度的生物分子和碳纳米纤维分散在聚己内酯溶液中涂覆编织的神经支架上。碳纳米纤维的使用极大地提高了神经干细胞的导电性和力学性能，而生物分子的应

(a) 未涂层   (b) 涂层后

图 5-39　涂层前后的编织型人工神经导管

用显著地增强了细胞的附着、生长和增殖的能力，显示了其神经再生和恢复的潜力。

王（Wang）等[47] 通过静电纺丝和编织技术从丝素蛋白（SF）和乳酸—乙醇酸共聚物（PLGA）制备了一种新型三层周围神经导管。帕拉克里希南-普雷马（Gopalakrishnan-Prema）等[48] 将导电细丝与聚乳酸（PLA）纱线编织在一起，形成特殊的导电支架，有利于神经元的附着和分化。皮莱（Pillai）等[49] 通过针织、编织和扭转等工艺将纳米材料涂层蚕丝织物形成管状结构，用于人工神经导管，如图 5-40 所示，图中［1］为纯脱胶丝线；［2］为聚-ε-己内酯涂层丝线；［3］为 5%（质量分数）碳纳米管及聚-ε-己内酯涂层丝线；［4］为 7.5%（质量分数）碳纳米管及聚-ε-己内酯涂层丝线；［5］为 10%（质量分数）碳纳米管及聚-ε-己内酯涂层丝线。研究表明，细胞增殖发生在神经导管内部相互连接的各个宏观通道中。具有针织结构的人工神经导管比其他导管具有更好的生物特性。这种人工神经导管结合了壳聚糖衍生物、经编技术和扭转后纵向取向的纤维，形成了一种新型的具有"核—壳"结构的多通道生物活性神经导管，可称其为组织诱导生物材料，因为它们有可能在不添加生物活性因子的情况下诱导受损神经再生，它能够为周围神经重建提供适当的生物学和力学性能[39]。

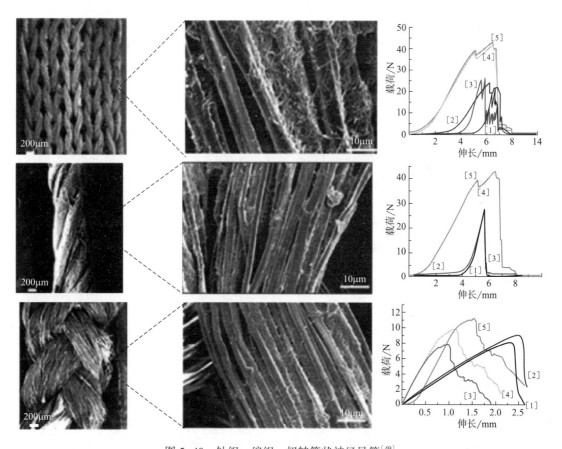

图 5-40　针织—编织—扭转管状神经导管[49]

为了使人工神经导管的内部具有一定的贯通微孔，陈钱等[50] 采用双层编织的方式，在编织管的内部填充导管或平行排列的纱线，如图 5-41 所示。这样一方面控制了孔壁的孔隙

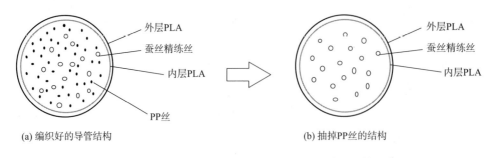

图 5-41　内部具有平行排列的纱线的双层人工神经导管示意图

率，既保证导管外壁具有一定的通透性，孔隙率也不至过大，导致大量炎症细胞进入导管内，影响神经轴突的再生；另一方面内部填充平行排列的纱线可以制造出贯通的微通道，给神经受损端游离的施万细胞等提供定向迁移生长的平台。

黄一玮等[51]从神经导管的性能要求出发，纺制了壳聚糖/聚乳酸短纤/长丝包芯纱，并编织成壳聚糖/聚乳酸包芯纱神经导管。从孔隙率、力学性能、降解性能三个方面分析了神经导管的使用性能。结果表明，壳聚糖/聚乳酸长丝包芯纱具有良好的力学性能；神经导管编织紧密，形状均匀，尺寸稳定，截面为圆形；孔径为 2.5mm、3.5mm 的导管的体外降解和力学性能均较好；孔径为 2.5mm 的导管孔隙率优于孔径为 3.5mm 的导管，其孔隙率为81.25%，断裂强力为 122.9N，体外降解 10d 后失重率为 4.76%，更适合用于神经细胞的再生。

姚若彤等[52]为研制具有良好力学性能和生物相容性的人工神经导管，采用编织工艺、静电纺丝技术和冷冻干燥技术制备了一种含有壳聚糖涂层—编织层—纤维海绵层的复合结构人工神经导管。结果表明，轴纱和编织纱共同参与编织时，人工神经导管形变 50% 的径向压缩应力为 1.3N，轴纱断裂时的轴向拉伸应力为 30N，具有良好的力学性能；人工神经导管内海绵层呈相互连通的多孔结构，孔径分布均匀（0.04~0.04mm）；人工神经导管内镁离子可缓慢释放 28d；当镁离子溶液质量浓度为 0.02g/mL 时，人工神经导管对细胞增殖的促进作用最显著。这为人工神经导管的材料选择和结构优化提供新思路。

编织结构层的设计采用立式锭子编织机，分别以 5tex 和 9tex 的桑蚕丝为轴纱和编织纱，制备内径为 2mm 的三维管状编织物。丝素蛋白/镁离子纳米纤维膜经乙醇处理后裁剪成细小的短纤维，均匀分散于 6% 的壳聚糖溶液中，利用注射器将混合溶液注入导管内腔，放入 −80℃ 的低温冰箱中冷冻 2d，利用真空冷冻干燥机冷冻干燥 3d，得到含纳米纤维的海绵层结构，如图 5-42 所示。导管内腔的海绵层结构表面粗糙，孔径大小均匀，孔与孔之间相互连通，利于细胞黏附和环境中物质的内外交换。为轴突生长提供了物理引导，同时为细胞的黏附和增殖提供了稳定空间。

（3）气管支架。气管肿瘤、气管外伤或气管先天性畸形往往导致气管严重狭窄，从而危及患者生命，需要进行气管切除和重建。著名气管外科专家内维尔（Neville）等[53]认为，理想的气管支架应具备以下特征：气管必须容易弯曲但不致塌陷；管腔必须密闭不漏气以防止纵隔感染；内壁光滑以防止成纤维细胞和细菌的侵入；还要有利于气管黏膜上皮细胞生长，使其具有清洁气道的功能等。

(a) 无纳米纤维海绵层结构导管横截面

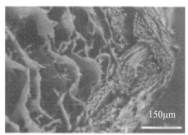

(b) 含纳米纤维海绵层结构导管横截面

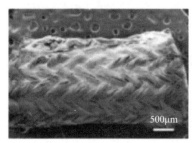

(c) 导管管壁表面编织结构

图 5-42　多层结构神经导管电镜图[52]

气管支架常被用来保持中心气道损伤患者的气管和支气管通畅。金属气管支架目前广泛应用于临床，但可引起诸多无法克服的材料相关性的并发症。可降解气管支架由具有良好力学性能的可降解高分子材料制作，在治疗期间特定的时间段内，可保持病变段管腔通畅，随后可在体内逐渐降解为对人体无害的产物。与传统金属气管支架相比，可降解气管支架具有良好的发展前景[54]。

王利平等[55] 根据气管的生理解剖结构特征，设计了一种新型结构的气管支架。该支架外形为一圆柱状空心管道，具有三层结构且在其横轴方向上有三个管道。分别选取 1/2 斜纹、1/5 斜纹、2/1 斜纹为该支架外层、中间层、内层的基础组织，采用里经接结方式进行接结。支架的外层与内层管壁材料选用强力较好的聚对二氧杂环己酮（PPDO）单丝，中间层材料选用致密的 β-羟基丁酸—羟基戊酸共聚酯（PHBV）/PLA 复丝，并对 PHBV/PLA 复丝进行织前上浆处理，以提高其可织性。试验结果表明，研制的仿生型机织气管支架具有较强的径向支撑力和较好的弹性回复率，可以为气管病变部位的细胞和组织生长提供充足的力学支撑，其横向管道可以为气管软骨环重建提供良好的试验基础。

傅本胜等[56] 设计了如图 5-43 所示的花式纱罗组织，该组织中的经纱扭绞位置错开，

(a)

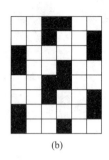
(b)

图5-43　花式纱罗组织结构图及其组织图[56]

织造过程中，在打纬力的作用下，纬纱会发生弯曲，限制了经纱扭绞单元的左右滑移，因此将其作为基础组织得到的管状织物将会弥补普通纱罗管状织物经纱沿纬向滑移的缺陷。

　　纱罗组织管状组织图及实物图如图5-44所示，图5-44（a）为花式纱罗管状织物的表组织，图5-44（b）为花式纱罗管状织物的里组织，图5-44（c）为花式纱罗管状织物组织图。其中，表里经纱排列比必须为2∶2，因为相邻的两根经纱作为一个扭绞单元，在织造过程中需要相互变换位置。织制花式纱罗组织的管状织物共需要8片综框。已有研究表明，气管孔径为500μm时，组织会稳定地附着、生长。因此在本设计中选用直径为0.15mm的PPDO单丝作为经纱，直径为0.2mm的PPDO单丝作为纬纱，经纬密度都为200根/10cm，即上机经密为400根/10cm。图5-44（d）为织造完成的管状织物实物图，该结构稳定，纬纱弯曲效果也会增强管状织物的径向支撑力和弹性恢复力。对所制备气管支架进行物理表观及力学性能的测定表明，气管支架具有较适宜的孔径大小，能够满足细胞组织的附着生长，力学性能优良。动物试验也表明，在术后三个月后兔气管畅通，支架无移位及塌陷，无死亡发生；

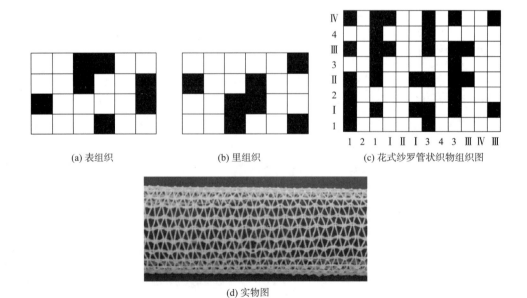

(a) 表组织　　　　　　(b) 里组织　　　　　　(c) 花式纱罗管状织物组织图

(d) 实物图

图5-44　纱罗组织管状组织图及实物图[56]

气管细胞及组织可以通过支架孔隙在支架上附着生长；支架降解过程缓慢进行，符合试验预期[56]。

刘艳等[57]采用平添纱组织结构编织外径为 20～30mm 的人工气管支架，支架内层为聚丙烯，光滑而有弹性，有利于气道通畅和内壁涂层；支架外表面则为聚乙交酯，柔软、呈绒毛状且可降解吸收，成为组织细胞生长、攀附最为适宜的载体。该针织物作为人工气管的增强材料，利用浸渍、涂层两步复合法复合甲壳胺基体材料，然后在支架内层涂覆聚氨酯溶液，使其在支架上形成一层薄膜，既可以防止气管支架漏气，又可以使支架内壁光滑。添纱组织是由两根纱线（地纱和面纱）或两根以上的纱线（多根地纱和多根面纱）同时进行编织形成的一种纬编组织。纬编添纱组织可以使针织物正反两面具有不同的性能及外观效果，能够消除针织物线圈歪斜的现象，并加固针织物的组织结构。

对于可降解气管支架来说，需要在体内自主降解。但气管病变的类型和患者的年龄不同，所需的治疗时间也不一样，可能从数周到数年不等，这就需要可降解气管支架具有灵活的降解时间或具有可控的降解率。目前相关研究尚不成熟，但它具有良好的发展前景。特别是对那些需要暂时性气管支架支撑的患者来说，可降解气管支架可提供一种更便利安全的治疗选择。

5.2.4　人工韧带

韧带是一种致密的结缔组织纤维束或纤维膜，用以连接关节处的骨或软骨，主要由Ⅰ型胶原组成，还有少量的Ⅲ型胶原。韧带的主要成分为胶原纤维和弹力纤维，胶原纤维使韧带具有一定的强度和刚度，弹力纤维则赋予韧带在负荷作用下延伸的能力。右侧膝关节韧带如图 5-45 所示，韧带大多数纤维排列近乎平行，故其功能较为专一，往往只承受一个方向的负荷。前交叉韧带由多个纤维束组成，直径 250μm 至数毫米不等，被一层结缔组织包绕。每个纤维束又由 3～20 个亚纤维束组成，被腱鞘包绕，亚纤维束的直径为 100～250μm，被一层疏松的结缔组织包绕。亚纤维束由直径为 1～20μm 的胶原纤维组成。胶原纤维由直径为 25～250nm 的胶原原纤维组成。前交叉韧带内的胶原原纤维沿纵轴呈波浪状、平行排列走行，使韧带纤维可适度拉长而不易断裂，具有控制张力和减震的作用。韧带表面纤维间有交叉走行的连接纤维，有利于增加韧带的延展性和强度，并提高对旋转应力的抵抗作用[58]。

韧带损伤是一种常见及高发疾病，韧带常由于非生理性的受力活动而造成不同程度的断裂或缺损。当韧带受损较严重，无法通过自身能力修复时，就需要韧带移植。现有的人工韧带材料主要包括碳纤维、聚对苯二甲酸乙二醇酯、聚四氟乙烯、聚乳酸等。结构方面的加工技术主要有机织、编织、针织及其复合加工技术。临床上曾经使用较为广泛的人工韧带是以聚酯材料为基础采用经编方法制造的 LARS（ligament advanced reinforcement system）韧带。图 5-46 为法国 LARS 人工韧带及其附件，LARS 在设计上采用三段式，中间的关节腔内部分直接去掉横向纤维，只剩纵向纤维（即自由纤维），并预扭 90°，最大程度地模仿自然韧带的结构，两端的骨隧道部分则同时拥有纵向纤维和横向纤维，以增加固定时的牢固度。临床应用结果表明，它术后不具备可降解性、骨传导性和骨诱导性，植入体内一段时间后容易发生疲劳松弛、膝关节不稳及腱骨愈合不良等问题，中长期效果并不理想，临床应用越来越少[59]。

右侧膝关节屈位：前面观

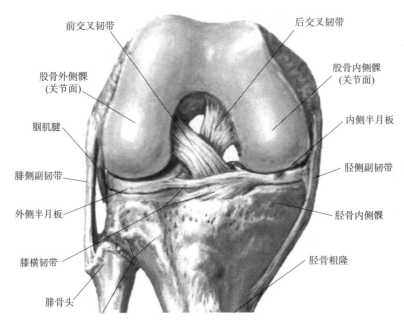

前交叉韧带

后交叉韧带

股骨外侧髁
（关节面）

股骨内侧髁
（关节面）

腘肌腱

内侧半月板

腓侧副韧带

胫侧副韧带

外侧半月板

胫骨内侧髁

膝横韧带

胫骨粗隆

腓骨头

图 5-45　右侧膝关节韧带

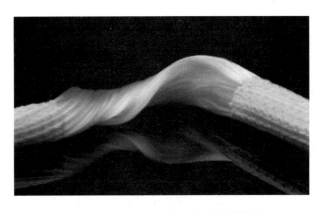

图 5-46　法国 LARS 人工韧带及其附件

　　纺织材料是规则的多孔材料，具有高孔隙率、高连通率的特点，不仅尺寸可控，还可以满足人工韧带对高强度、高灵活性的要求，而且有利于人体组织原位生长。王璐等[60] 针对 11 种典型纺织基人工韧带及其移出物结构与力学性能进行分析，典型纺织基人工韧带的结构见表 5-2。纺织基人工韧带产品的成型方式主要有机织、编织和经编三种。按结构分，可分为单层结构和多层结构两种。其中单层结构包括单层编织结构、单层编织管状结构、单层经编结构和单层机织结构；多层结构如芯壳结构、多层内芯等。结合其用途分析，单层结构尤其是单层编织结构的移植物多为加强型人工韧带移植物；而多层结构的移植物则多为永久替代型人工韧带移植物。加强型人工韧带，如法国 SEM® 和 Ligaid®，其临床使用时与半腱肌、股薄肌腱等软组织移植物一起使用，起到支撑与应力保护的作用，故其厚度较小。而永久型人工韧带，如法国 Lygeron[®]，则是单独作为膝关节前交叉韧带（ACL）的替代移植物，故其厚度相对较大。研究表明，人工韧带断裂、移植失效的主要原因是体内复杂力学环境下高分子材料内部结构变化导致的结晶度下降，材料松弛，力学性能下降以及骨与移植物之间的摩擦导致的纱线磨损等。

表 5-2　典型纺织基人工韧带的结构[60]

试样	宽度/cm	厚度/mm	织造方式	特殊结构
美国 Synchro[®]	0.61	0.59	经编	芯壳结构，芯纱为单丝
法国 Ligastic[®]	0.66	0.87	经编	两端接有末端开有小孔的塑料管
法国 Raschel[®]	0.57	0.50	经编	两端接有辅助细线，细线末尾连接金属丝环
法国 Proflex[®]	1.77	0.77	机织	一端由细线悬吊，另一端开有圆孔
法国 Lygeron[®]	4.21	0.40	机织	织带结构
美国 Stryker[®]-Meadox	0.44	4.58	经编、机织	经编外壳，多条机织内芯
美国 Kennedy-LAD[®]	0.98	0.76	编织	两端为胶封
法国 SEM[®]	0.46	0.47	编织	16 股编织结构，每股中 4 根编织股纱
法国 Ligaid[®]	0.85	0.56	编织	4 股编织结构，每股中 11 根编织股纱
美国 HTP 820	1.07	0.67	编织	编织管状结构
法国 Braided PHP	0.38	1.60	编织	编织管状结构

在此基础上也出现了很多模仿商用人工韧带的研究，张茜等[61] 设计了以涤纶长丝为原料，基础组织为平纹组织的管状织物作为人工韧带，当工艺参数为纱线线密度 22.2dtex、经纱根数 120 根、每筘穿入数 6 根时，人工韧带的断裂强力及断裂伸长率均较好，断裂强力为 827N，断裂伸长率为 57%，满足人体韧带的断裂强力及断裂伸长率要求，且人工韧带的拉伸性能曲线与人体韧带相似，可以作为人体韧带的移植物。

可生物降解材料越来越受到重视，丝素纤维来源于天然蚕丝，生物相容性好，生物可降解，降解产物主要为游离氨基酸，可以被机体吸收，这在生物医用领域是很有利的。吴佳蔚等[59] 在 12 锭编织机上运用逐级编织的方法获得丝素纤维人工韧带（图 5-47）。首先用 2 根股线合股得到 1 根复丝，运用复丝进行编织得到一束编织纱。用 0.5% 的 Na_2NO_3 溶液对编织纱脱胶三次，每次 30min，脱胶温度 95℃。随后，将脱胶好的编织纱用 12 锭编织机继续编织，得到丝素纤维人工韧带，同时研究了丝素纤维的降解行为。

阿特曼（Altman）等先提出逐级编织的方法[62]，首先将 30 根纤维作为 1 束，然后 6 束合股，加 2 捻/cm，之后再 3 股形成 1 根线，仍加 2 捻/cm，之后 6 根线合股形成一根绳，从而形成一根前交叉韧带，如图 5-48 所示。之后研究人员对该方法进行了改进和应用，在每一步中可以选用不同的根数或者结合方式，如加捻、机织、编织等[63]。陆腱等[64] 进行了 PLA 纤维基人工韧带编织，董（Dong）等[65] 进行了蚕丝蛋白/拉蓬石杂化纤维人造韧带的设计。

刘明洁等[66] 采用编织结构模拟胶原纤维的取向排列，通过两条内芯和一层外壳的结构模拟韧带的壳芯双束结构，如图 5-49 所示。用全自动绕纱机将柞蚕丝纱线卷绕在可以用于

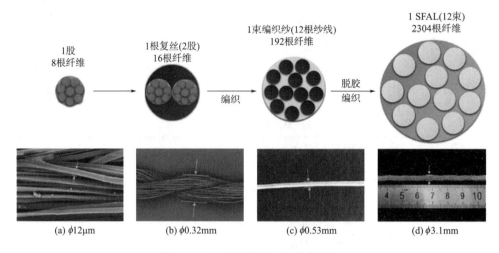

图 5-47 丝素纤维人工韧带的制备

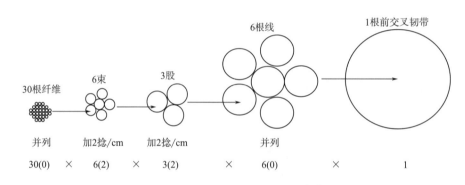

图 5-48 人工韧带结构示意图[62]

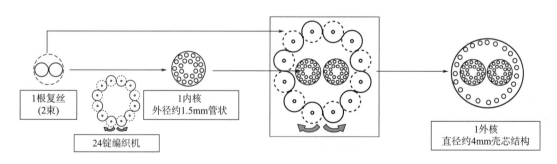

图 5-49 壳芯双束结构仿生人工韧带编织示意图[66]

编织机的锭子上，共卷绕 24 个。随后，将锭子依次安装在 24 锭编织机上，编织得到一根"内芯"，用同样的方法制作另一根内芯，再将两个内芯排列在一起，作为芯纱衬在编织机中央，继续编织得到一层"外壳"。最终得到由两条内芯和一层外壳构成的壳芯结构人工韧带，织物内共有 72 根纱线。所设计芯层双束结构仿生人工韧带实物图如图 5-50 所示，该壳芯结构更加紧密，整体保型性好，结构匀称，表面平整，力学性能优异。其拉伸断裂性能优于人前交叉韧带的拉伸断裂性能，说明可以为膝关节提供足够的力学支撑。由于其良好的弹性回复性能可以维持膝关节的稳定。在 1000 次循环拉伸后，力学性能衰减极低，说明其具有良好的耐疲劳性能。

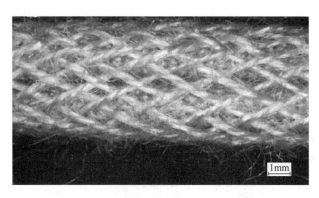

图 5-50　壳芯双束结构仿生人工韧带实物图[66]

在此结构基础上，黄云帆等[67] 选择聚对二氧环己酮（PPDO）、乙交酯—己内酯共聚物（PGCL）和乙交酯—丙交酯共聚物（PGLA）三种可降解聚酯纤维为原材料设计了人工韧带的核壳结构，并优选出核层为 6 根 6 股编织束、壳层单层的人工韧带。当 PPDO、PGCL 与 PGLA 组分配比为 6∶4∶2 与 4∶6∶2 时，试样的断裂强度（>102.97MPa）和杨氏模量（>114.01MPa）均大于人体自身韧带性能，弹性回复率（>66.29%）优于商用人工韧带。在降解性能方面，近似人体温度下 8~24 周内 PGCL 与 PGLA 逐渐降解，降解速率与组织再生速率（6~24 周）基本匹配，为组织生长提供空间。并且由于多组分材料降解的不同时性，减缓了单位时间内酸性降解产物的堆积，降低人工韧带植入部位产生炎症反应的风险。降解过程中，人工韧带的力学性能会发生衰减，断裂强力下降，但均大于韧带愈合周期内对于人工韧带最低断裂强力的要求，断裂强力下降速率基本满足组织再生速率。王一婷等[68] 也参考人膝关节前十字交叉韧带的结构。以一束平行排列的丝素编织纱作为"芯"，一层丝素纤维机织材料作为"壳"包裹在"芯"的外面，设计并制备了一种结构仿生、可降解的丝素纤维人工韧带材料。该结构结合了编织与机织等纺织成型方法，仿生天然韧带组织的筋膜包裹胶原纤维结构，制备壳—芯结构的人工韧带，发现编织人工韧带比机织人工韧带力学性能更好，且编织人工韧带的尺寸和力学性能可控。

除了上述纺织方法以外，静电纺丝方法也广泛出现在新型人工韧带的制备中，何（He）等[69] 针对以往多相支架设计不能兼顾材料的梯度和结构的连续性的缺点，采用静电纺丝的方法制备了一种具有过渡结构的韧带支架。该方法使用可旋转铝柱作为接收电极，以聚乳酸—羟基乙酸共聚物（PLGA）溶液在高速旋转的铝柱上往复纺织得到了沿圆柱圆周分布取向的一层纳米纤维织物，然后在铝柱上缠绕一层 PLGA 微米纤维作为增强相，随后采用相同的方法在其上复合一层纳米纤维织物，获得了具有一定强度的高度取向的支架主体。然后铝柱静止，喷丝头沿圆柱轴向往复运动，利用静电纺丝的边缘分布效应制得了具有梯度分布效果的 PLGA/HA/BMP-2 复合织物带，将织物带沿圆柱轴向剪开，经卷绕、缝合后获得具有梯度结构的韧带支架。动物试验结果表明，所得支架对移植物—骨界面的组织再生有显著的促进效果。采用静电纺丝制备多相韧带支架，充分发挥了静电纺丝织物在结构、组成上高度可调的优势。

除了在径向方向的设计外，在韧带长度方向上也存在结构不均一性，即两端紧密中间疏松，因此也需要针对此特点进行结构设计。如 LARS® 人工韧带，这样可保证人工韧带具有足够的力学性能和关节腔内的灵活性。程志等[70] 采用丝素纤维股线为原材料，通过调节编织角来实现两端紧密和中间疏松的韧带结构。两端长度为（50±7）mm，中间长度为（28±3）mm。由于编织角越小编织结构越疏松，因此两端的编织角设置为45°±2°，中间为30°±2°。长度方向紧密程度不同的人工韧带如图 5-51 所示。

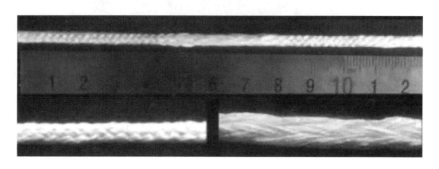

图 5-51　长度方向紧密程度不同的人工韧带

因此在人工韧带研究领域，首先需要关注材料的降解性能，其次，通过经编、纬编及编织工艺的调整，实现在径向方向和长度方向上的仿生设计。

5.2.5　手术缝合线

医用手术缝合线要求材料无毒无害，不会产生过敏反应，不具备电解性、致癌性和毛细吸收性等问题；应具有较好的生物相容性；应质地柔软，具有一定的柔韧性，同时具有较高的力学性能，缝合打结时能够保持线结不易脱散；还应在湿态环境中也能保持较高的强度；对于可吸收的缝合线，在组织愈合期间应能保证良好的力学性能，保证缝合线不被过快地降解，且能完全降解；在降解过程中，降解产物应无毒无害，能够被人体吸收或排出体外[71]。

缝合线的使用已有悠久的历史，今天能够看到的最早的实物手术缝合是公元前 3000 年古埃及用亚麻缝合伤口的木乃伊，最早详细记录对伤口缝合和使用缝合材料的是公元前 500 年的印度医师苏胥如塔（Sushruta）。公元前 1800 年开始使用羊肠线作为缝合线，到 10 世纪时，肠线缝合技术已经非常成熟。肠线缝合的发展得益于羊肠线的制造工艺。羊肠线可分为两种：普通与铬制。普通肠线的吸收时间较短（4~5 天），铬制肠线的吸收时间较长（14~21 天）。但羊肠线在吸收过程中造成的组织反应较重，人体组织对羊肠线的吸收有较为明显的个体差异。

除了羊肠线，在扎哈拉维的著作中提到了利用蚂蚁大颚合拢伤口的详细方法。蚂蚁的大颚像两把有锯齿而锐利的牙，合拢力量很大。当时的医师就是利用蚂蚁大颚合拢伤口，伤口闭合后即将蚂蚁的头和胸部分离，将头颚部分留在伤口部（图 5-52），类似今天所用的皮肤缝合器。整个过程动作要快，否则蚂蚁会从腹部喷出蚁酸洒在伤口而产生剧烈的疼痛。若没有及时用药物抑制，严重时还会引起发炎肿胀。

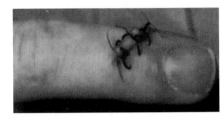

(a) 蚂蚁用大颚钳夹皮肤　　　　　　　　　　(b) 对指背皮肤用蚁颚合拢

图 5-52　蚂蚁合拢伤口演示

20 世纪 30~40 年代开始出现了聚酯线、尼龙线、蚕丝线等，羊肠线和聚酯混合缝合线大大降低了原始羊肠线的不良反应，并开始使用辐射灭菌。20 世纪 60 年代合成了聚乙醇酸，70 年代被用于缝合线的制造。目前大部分缝合线是由聚合物纤维制作的。早期使用的羊肠线和蚕丝线目前已经很少应用。除了缝合线对组织的刺激外，还有潜在人畜共同感染疾病的可能。1970 年，出现首根人工降解的缝合线，美国 DG 公司推出聚乙交酯（PGA）缝合线。1974 年，杜邦公司推出聚乳酸（PLA）缝合线。1980 年，爱惜康（Ethicon）公司推出聚对二氧环己酮（PPDO）缝合线。2003 年，推出了 PGLA 缝合线。人工合成可吸收缝合线原料主要为 PPDO、PGA 和 PLA 等。

数千年来，缝合线的材质也发生了巨大的改变，从植物材料（亚麻、大麻和棉花）或动物材料（头发、肌腱、动脉、肌肉条、神经、丝绸和羊肠线）、动物的部分躯体（蚂蚁大颚）到金属材料（如银铜和铝青铜丝），演变至今天的各种合成材料，无不体现了人类智慧的结晶。

手术缝合线可根据材料是否可降解、材料来源及结构来进行分类，如图 5-53 所示，按结构可分为单丝型、复丝捻合型和复丝编织型。单丝缝合线由于表面光滑易穿过组织，无毛细作用，可减少感染，适用于易污染伤口的缝合；但单丝缝合线弹性差，摩擦系数低，不易打结，因此操作手感不如复丝缝合线，且打结安全性差。捻合型缝合线是将两根或两根以上单丝在加捻机上并合加捻而成，其内部结构呈单一的 Z 向或 S 向螺旋状，由于存在内应力，如果定形不良或者不能定形，则缝合线易扭曲变形。编织型缝合线是在锭子式编织机上编织而成的，编织纱的捻向是正反双向，即 Z 向、S 向两种捻向，编织纱相互作用趋于平衡，受外力作用时，编织缝合线结构趋于稳定，不随内应力的变化而变[72]。

由于真丝缝合线在人体内完全吸收的时间较长，故医用真丝缝合线属于不可吸收类缝合线。其生产工艺流程为：原料→翻丝→合股→加捻→脱胶→热水洗→温水洗→染色→热水洗→烘干→编织→涂层→定形→包装→消毒。一般将其染成黑色，以便与组织相区别。由于编织缝合线表面相对粗糙，需通过涂层处理改善其平滑性和直径均匀性，并将缝合线表面的缝隙填充，降低毛细效应，减少细菌藏匿的可能性[72]。

编织型缝合线不会产生传统捻合型缝合线的扭结现象，在手术中穿针、使用更为方便，编织结构稳定。缝合线的编织通常采用二维编织技术，一般在 8~16 锭编织机上编织成型。

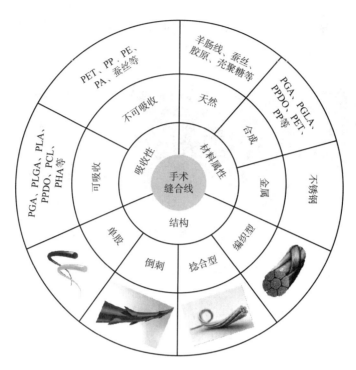

图 5-53　手术缝合线的分类[73]

在编织过程中，影响编织结构的因素有很多，主要有纱线的线密度、齿轮比和编织机的锭子数等工艺参数。侯丹丹等[72]的研究表明，齿轮比对编织缝合线的结构有显著影响。随着齿轮比的增大，缝合线的结构更紧密，线径、编织密度和编织角均增大，其中对编织密度的影响最大。缝合线的结构对打结抗张强度影响最大。打结抗张强度随着编织密度的增大而减小；打结断裂伸长率随着编织密度的增大而增大。综合分析，编织密度为 21.4 个/cm，即编织齿轮比为 130/32 时，抗菌真丝缝合线结构致密，强度较高。张倩等[73]针对传统细圆形实心结构缝合线存在肌腱切割严重及组织无法长入的临床问题，提出对缝合线结构进行优化。受大自然中竹子启发，基于 UHMWPE 和聚己内酯（PCL）的高熔点差（80℃），采用二维三轴向编织技术和熔融处理技术（将 PCL 熔融），设计并构筑了仿竹中空多孔带状部分可吸收缝合线，以期有效减少缝合线切割肌腱失效并促进组织整合，如图 5-54 所示。图 5-54 中（a）为木头和竹子的结构；（b）为 UHMWPE 复丝（编织纱）及 PCL 复丝（轴纱）；（c）为二维三轴向编织；（d）为熔融热处理；（e）为带状缝合线；（f）为中空多孔结构；（g）为编织纱与轴纱之间的"竹节"功能黏结点。结果发现，与实心结构的缝合线相比，仿竹带状部分可吸收缝合线可促进胶原向纤维内部沉积，具有更好的组织整合性，在肌腱修复中具有良好的应用前景。

单股缝合线在血管和微血管手术中很受青睐，优点在于通过组织时阻力较低，且不太可能容纳生物，还更容易贴合，但不足之处是比较容易断裂。如果在单股缝合线上进行切割，可以产生一个个倒刺，这就是所谓的倒刺线。手术缝合线大多表面光滑，手术缝合后需要打结才能完成对生物组织伤口的缝合固定，繁复的打结工作需要耗费大量的时间，使止血时间延长，增大手术风险，降低手术成功率，甚至有可能因为不能及时缝合伤口止血造成手术失

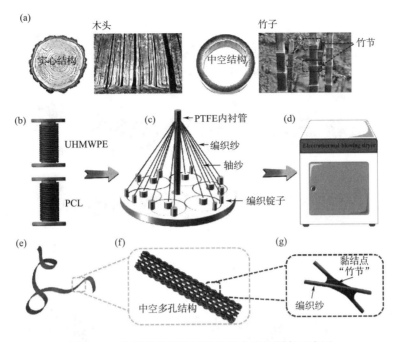

图 5-54　仿竹带状部分可吸收缝合线的制备示意图

败，使患者失去生命。早在 20 世纪 50 年代，就有骨科专家提出倒刺线的设想，但当时在技术和材料方面都达不到要求，一直到 2006 年才由美国安捷泰（Angiotech）公司首次生产出可以用于临床的倒刺线。倒刺线有单向和双向两种，如图 5-55 所示。

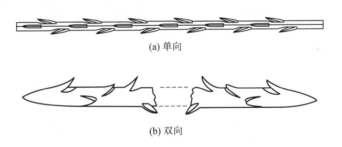

(a) 单向

(b) 双向

图 5-55　倒刺线示意图

倒刺缝合线的获得方法大多数是激光切割、机械切割、挤出及添加增塑剂等。在单股缝合线的基础上切割形成倒刺线相当于缩小了缝合线的主干，势必影响缝合线本身的抗张力强度。为了保证缝合线本身的抗张力强度，一种新的制作倒刺缝合线的方法就是在单股缝合线的主干上另行添加倒刺，这就是所谓的鱼骨倒刺线。另一不损伤强度的方法为浇筑法，可采用聚对二氧环己酮溶液喷丝纺织成缝合线，再用 PCL 和 PLGA 混合溶液浇筑在缝合线表面形成倒刺。程康等[74] 借鉴钢筋混凝土的工艺思路，采用编织蚕丝手术缝合线作为"钢筋"、改性丝素蛋白溶液作为"混凝土"，通过阴模浇筑法制备出一种可实现快速缝合、免打结的可吸收倒刺缝合线，如图 5-56 所示。通过组织锚定模拟试验发现 45°的倒刺缝合线对组织有更好的锚定效果。同时也进行了双向倒刺试验，如图 5-57 所示，中心段为双向倒刺，发现其具有更优的缝合效果。

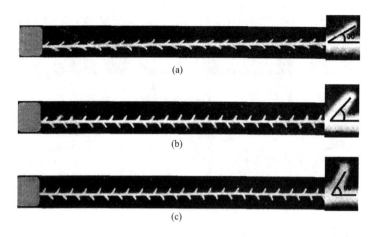

(a)

(b)

(c)

图 5-56　倒刺缝合线实物图

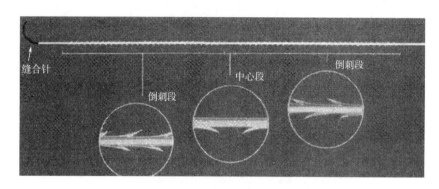

图 5-57　中心段为双向倒刺

对于缝合线的发展方向有抗菌、抗炎、自打结、生物降解及智能电子缝合线等。由于普通医用缝合线的线间留有缝隙，易藏匿细菌且易对伤口造成感染。因此，对于缝合线抗菌性能的研究成为功能性医用缝合线的方向之一。同时，缝合线作为异物植入人体，必然加重伤口附近的炎性反应，因此对于缝合线的抗炎性能也需要关注。此外，缝合线本身的生物相容性、载药缝合线的药物释放速率、缝合线在人体内的强力保持性能与降解速率、降解产物的安全性等也是需要解决的问题[75]。

5.2.6　人工胸壁

多年来，胸壁肿瘤、放射性溃疡、感染或胸壁严重创伤等顽疾一直困扰着患者和医务人员，在进行上述切除性手术后，胸壁组织会发生大面积的缺损，从而易引发一系列后遗症，如胸廓的不完整、不稳定性和坚固性恶化，会进一步导致胸壁软化和呼吸循环困难等一系列问题[76]。人工胸壁的出现在很大程度上解决了以上问题，如图 5-58 所示。特别是对于儿童而言，人工胸壁的骨骼部分要提供足够的功能刚性以及组织覆盖，并能让发育中的儿童或青少年有足够的生长能力[77]。因此，制备胸壁替代物来进行胸壁的重建以确保胸腔的支撑力和弹性是一个值得关注的问题。常见的商品包括 Gore-Tex® 补片、Marlex® 网片和 Vicryl® 补片；然而更刚性的辅助材料，如 Marlex® 网状甲基丙烯酸甲酯夹层技术或 Stratos™ 钛合金材料等也用于提供胸壁结构增强，但通过 188 例案例分析表明，刚性材料的加入没有使胸壁结构获得更多的益处[77]。

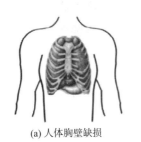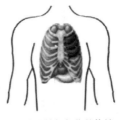

(a) 人体胸壁缺损　　　　(b) 胸壁缺损部位的修补　　(c) 根据缺损部位设计的人工胸壁结构图

图 5-58　人工胸壁示意图[76]

5.2.6.1　材料

人工材料主要包括金属材料、合成材料和生物可降解材料。用于人工胸壁的金属材料主要有金属丝、金属网和金属板。金属材料硬度较大，对胸廓能起到很好的支撑作用，但其缺点也很明显，如金属材料会对术后 X 射线检查产生一定的干扰，尤其是金属板，影响更大；金属材料不能降解，且其抗感染能力差，长期留在体内会对患者的健康不利。用到的主要合成材料有膨体聚四氟乙烯（如 Gore-Tex® 补片）、聚丙烯（如 Marlex® 网片为单丝聚丙烯，克重 95.1g/m^2，孔径 0.1~0.8mm 等）。人工胸壁中用得比较多的 Vicryl® 补片就是可吸收补片，材料为可降解共聚物 Polyglactin 910，其中乙交酯和丙交酯比例为 9:1，Vicryl® 补片分为针织（经编）及机织两类[78]，如图 5-59 所示。

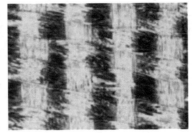

(a) 针织Vicryl®补片　　　　　　　　(b) 机织Vicryl®补片

图 5-59　Vicryl® 补片[79]

尽管人工材料在人工胸壁重建上的应用越来越多，但是其本身也存在弊端，如 Marlex® 网片进行胸壁缺损修补后，反常呼吸问题难以得到解决，导致患者不适；尽管 Gore-Tex® 补片的塑形和抗张强度较好，生物适应性优异，且其术后感染等并发症较少，但 Gore-Tex® 补片价格高昂，给普通病患带来了极大的经济负担，限制了其在人造胸壁重建中的广泛应用。需要对其进行材料和结构设计，来优化其植入性能。如对降解材料来说，降解时间是测量可降解材料的重要指标之一，决定了材料的降解速度。材料的降解时间是否与胸壁缺损部位新组织的生长速率相匹配，是这种材料能否应用于人造胸壁的决定性因素[76]。

5.2.6.2 结构设计

早期多采用金属丝、金属网和金属板进行胸壁网与肋骨一体重建，将其固定于缺损部位。这种方法效果较差，硬质材料有其致命的缺陷：表面光滑和内部孔洞少，这对于细胞组织的生长繁殖不利，并且术后材料与组织固定处常常会出现松动，从而造成组织的破坏。纺织型人工胸壁目前主要有机织和针织两种结构。其中，机织平纹结构可确保人工胸壁具有良好的支撑效果，抗弯性能较好，给胸壁内脏提供更好保护作用的同时，能防止反常呼吸。织物上的孔洞为新生组织提供了良好的生长环境。杨苛等[80,81]设计出一种独特结构的人工胸壁，其特点是具有沿纬向带管道的人工胸壁修补网和硬质的编织型人工肋骨，如图5-60所示。人工胸壁分为片状部分和管道部分。管道部分为编织所形成的硬质材料，起到肋骨的作用；片状部分一方面可以固定肋骨，另一方面可以修复软组织。这样硬质材料与软质材料相互配合，可以更好地维持胸壁的稳定性。人工胸壁整体效果图如图5-61所示，选择直径为0.18mm的医用丙纶单丝作为织造修补网的经纬纱。5枚2飞纬面缎纹为基础组织。选择三维五向编织工艺制作人造肋骨。根据胸壁内肋骨的细度和间隔距离，设计编织物的等效直径为0.8~0.9cm，两肋骨之间距离为1.6cm，也就是修补网中分离的双层织物管直径要在0.9cm左右，两管之间的距离为1.6cm。试验结果表明，所得人工胸壁不仅具有良好的力学性能，而且含有大量的孔洞，从而解决了硬性材料人工肋骨孔洞少和表面光滑的问题。

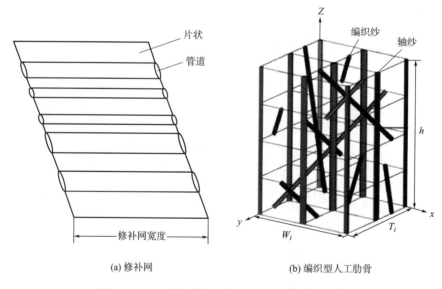

(a) 修补网   (b) 编织型人工肋骨

图5-60　人工胸壁修补网和人工肋骨结构示意图

5.2.7 医用绷带

医用绷带用于骨折和扭伤包覆固定、防止继发感染、减轻水肿、固定医用敷料、止血止痛等方面。大多数医用绷带属于轻薄型织物，以棉、聚酯纤维、黏胶纤维居多，经过洗涤、漂白和消毒处理后，可用于伤口包扎。医用绷带按照加工方式可分为针织、机织及非织造等

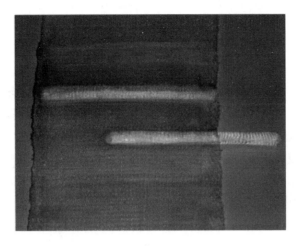

图 5-61　人工胸壁整体效果图

类型[82]。常见绷带类型及特征见表 5-3。

表 5-3　常用绷带类型及特征[83]

绷带类型	材料	织造方法	特征
简单绷带	棉、黏胶纤维、聚酯纤维	机织、针织	用于扭伤劳损
轻支撑绷带	棉、黏胶纤维、弹力丝等	机织、针织、非织造	用于肢体溃烂、静脉曲张等
重型外矫形垫状绷带	聚酯纤维或聚丙烯纤维与天然纤维混纺	机织、针织	给予扭伤处支撑
弹性绷带	棉、涤纶、棉/氨纶包芯纱、各种弹性纱线等	机织、针织	弹性好

　　绷带的加工主要有机织、针织、非织造等手段。复合绷带可综合各组分材料和结构的优点。传统纯棉绷带舒适性极佳，透气性好、吸湿性强、使用方便，且对身体无刺激。为了使纯棉绷带具有一定的弹性，借用压缩弹簧会使弹簧产生潜伏弹性的原理，棉股线须同向加捻且为超强捻，捻系数高达 1782，为一般捻系数的 4~5 倍，因此，一般捻线机难以适应且产量低，宜用倍捻机生产。但其产品多毛羽，易黏附在伤口上，容易加重伤势，甚至导致新伤口的出现。

　　区别于传统绷带，弹性绷带自 20 世纪 80 年代初开始使用。弹性绷带可用于身体各部位外用包扎，适用于野外训练及外伤急救等场合。弹性绷带的制备方法常见的有以下几种：在机织物、针织物或非织造布中加入弹力丝或弹性纤维与棉纤维的包缠纱线；以压缩弹簧原理为基础，结合松散组织结构设计织物产生弹性；采用复合工艺将弹力丝或弹性膜与非织造布复合；利用针织物本身所具有的伸缩性或加入一定量的弹力丝织造成圆筒形弹性绷带[84]。不同的弹性丝使用比例对于绷带的变形能力、最大变形范围、透气性及对人体的压力等都有不同的影响，因此需要进行优化设计[84]。对于绷带的压力还可以通过不同的织物结构进行调节，在绷带的不同位置使用不同线密度、不同经纬密度、不同松紧程度的织物组织结构或弹性不同的纱线，实现对肢体的不同区域施加不同的压迫力[85]。

　　徐先林[86]研究了纬编织物组织及弹性纱线比例对于绷带性能的影响，所采用的织物组织有添纱组织、假罗纹组织和变化平针组织，纱线有涤纶、氨纶和锦纶。试验结果表明，当组织结构、原料等条件完全相同，织物密度较小时，所受的拉伸载荷较大，比较适合压力绷带的要求，但织物延伸性较差，不易服用。在编织中加入涤纶的目的是增加织物的耐拉伸强度，以达到压力的要求，但织物弹性与手感都有明显的下降。氨纶比例加大，织物表面粗糙，不易作绷带使用。采用假罗纹组织、变化平针组织，织物显得松软，受拉载荷较小。综合分析可知，采用添纱组织且氨纶和锦纶的比例为1：2时，绷带性能最优。该组织以氨纶纱为添纱，且氨纶同地纱一起弯纱成圈，这样氨纶纱不会从织物中抽出，提高织物的牢度。金晓东[87]在GE282双针床拉舍尔经编机上将氨纶包缠纱与锦纶弹力丝两种原料按照变化编链组织和经平组织复合的织物组织进行织造，使织物具有良好的弹性回复性和使用舒适性，该复合组织可在织物上形成透气网孔，使绷带更加透气、轻便。对于非织造法（如水刺法）形成的弹性绷带[88]，由于弹性非织造材料的复合加工技术不同，因此，产品在纵横向弹性、吸水性和伸长率方面存在显著差异，需要进行工艺优化设计。

另外，随着人口老龄化发展及慢性病（如糖尿病等）增多，慢性难愈合伤口成为重大的医疗保健挑战，如糖尿病足等，是截肢的主要原因。虽然慢性伤口是持续的发炎状态，但伤口其实是动态发展的，需要在治疗时给予动态监测，用相应的药物和生长因子等来调节伤口环境条件。基于此，出现了能主动监测伤口环境的智能绷带[89,90]。智能绷带中嵌入了具有监测功能的装置（如pH值、温度、氧气、湿度、电力学性能及酶等），并在此基础上能够积极给药的系统。郑（Zheng）等[91]基于高导电多壁碳纳米管的摩擦电纳米发生器（BMS-TENG），柔性和可拉伸的硅胶，以及自黏弹性绷带，设计了一种能够获取运动信号和识别意图的智能绷带系统，如图5-62所示。通过收集手肘附近的前臂而不是手指的信号，智能绷带可以识别各种姿势和肌肉动作特征。以机器人手和个体识别的意图操纵多种手势的应用工作良好。

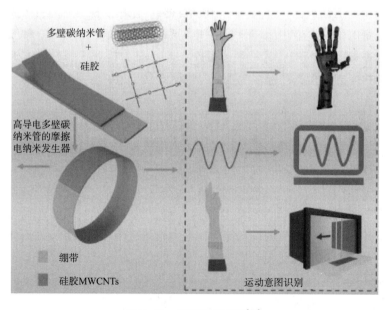

图5-62　智能绷带系统[91]

5.2.8 医疗压力纺织品

医疗压力纺织品主要用于治疗烧伤及减少手术后疤痕。随着老年人口不断增加，静脉疾病日益普遍，也用于干预静脉曲张、预防静脉疾病手术后复发和静脉血栓形成，是一种体外治疗和康复用的纺织品。压力袜的纤维有弹性纤维和非弹性纤维，弹性纤维主要贡献压力功能，非弹性纤维主要贡献舒适功能。弹性纤维有聚氨酯纤维、莱卡、二烯弹性类纤维、弹性包芯纱、弹性合捻线和弹性包覆纱等，非弹性纤维有锦纶、棉纤维、黏胶纤维等[92]。

弹性包芯纱是以强力和弹力都较好的合成纤维长丝为芯纱，在细纱机上外包棉纤维、锦纶、黏胶纤维等短纤维纺制而成的纱，可兼有芯纱和外包纤维的优良性能；弹性包覆纱是以弹力长丝为芯纱，将化纤长丝或棉和化纤纯纺纱或混纺纱以螺旋状的形式包覆在无捻度的芯纱外面，形成弹性包覆纱。包覆纱与其他弹性纱线的最明显区别之一是芯纱无捻度、无弹性。包覆纱的包覆工艺如图5-63所示，有单包覆和双包覆等；合捻线常用略加牵伸的弹力丝或一根或几根细纱在倍捻机或附加张力喂入控制机构的捻线机上合股交捻成低强的弹力股线，与包覆纱结构相似但其捻度较低[92]。

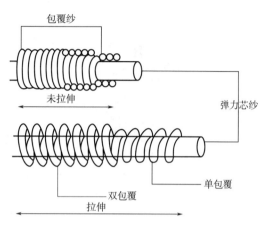

图 5-63　包覆纱的包覆工艺[93]

针织物相比机织物，具有更好的变形特性、透气性和延展性。压力袜常用织造工艺主要是纬编技术，织造使用的机器有小圆机和电脑横机，有时为增加产品压力效果和优化外观，使用电脑提花织机。织造主要分为袜口、袜身、袜头、袜跟四部分。编织的基本方法有双层平针编织、1+1罗纹编织、1+1假罗纹编织；单珠地编织与衬垫编织、集圈编织；纬平针编织[92]。

纬平针结构正面一般较为光洁，在纵向和横向有较好的弹性和延展性，但存在脱散性和卷边性，因此常采用双层纬平针结构织造袜口，消除卷边和脱散，方便穿脱。1+1罗纹编织结构具有较大的弹性，只能逆编织方向脱散，基本没有卷边现象，可用作袜口。1+1假罗纹编织结构是罗纹结构的一种变化，用作袜口时易于穿着。在利用衬垫编织结构时通常用氨纶包覆纱作为衬垫纱［图5-64（d）中加黑线］，产生袜子的形状和保证压力的需要。此外，集圈编织结构也常用于织造压力袜，集圈编织结构是在针织物的某些线圈上，除了有一个封闭的旧线圈，还有一个或几个封闭的悬弧，可利用集圈的不同排列，使织物具有孔眼、起皱等效应，脱散性较纬平针编织结构小，横向延展性与其他编织结构比也较小；单珠地编织结构是一种单列集圈结构，用于织造压力袜时能够形成网孔效应，提高袜子的透气性，尤其是以锦纶为主要原料的压力袜。

因为人体腿部结构不均匀，有研究表明，在不同运动状态下压力袜的压力分布也不同[94]，需要对压力袜的结构进行细化分析，也就是压力袜的不同部位要有不同的压力分布，如在脚踝处施加最大程度的压缩，并且朝袜口方向压缩水平逐渐降低。该压力梯度能够确保

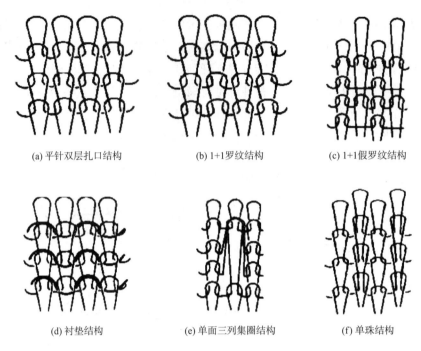

(a) 平针双层扎口结构   (b) 1+1罗纹结构   (c) 1+1假罗纹结构

(d) 衬垫结构   (e) 单面三列集圈结构   (f) 单珠结构

图 5-64　压力袜常用织物组织[92]

血液向上流回心脏，逆转静脉高压，增加骨骼肌泵，促进静脉回流[92]。因此，要在压力袜的不同部位选用不同的纱线、针织物组织及其结构参数进行织造。例如，在压力袜上面纱、衬垫纱与罗口处的纱线不同，面纱较细，材料通常选取强度高、耐磨性好、吸湿性好的锦纶纱包覆高弹的氨纶纱；衬垫纱较面纱粗得多，主要选择锦纶包覆较粗的氨纶纱线，压力袜的压力级别越高，包覆的氨纶纱线越粗，其他也可混入棉纤维等。布鲁尼安克斯（Bruniaux）等[95]研究了关于弹性衬垫纱线的线密度对人体压力产生的影响，结果表明，弹性衬垫纱线的线密度可以调节弹性针织物的拉伸性能，压力袜施加的压力可以通过改变弹性衬垫纱线的线密度来调节。查托帕迪耶（Chattopadhyay）等[96]研究在织造弹力织物时衬垫纱线预拉伸对衣服产生的压力的影响。结果表明，衬垫纱预拉伸的变化显著改变了织物的结构特征，但是载荷伸长行为保持不变直到延伸达 100%。美国梅德林（Medlin）公司生产的 EMS 抗血栓袜的袜身部分采用单珠地+氨纶衬垫组织，在保证压力的同时形成四孔效应，改善了压力袜的透气性；脚后跟部分常采用纬平针组织[93]。一款梯度压力袜所用织物组织如图 5-65 所示，最上面的贴边及最下面的袜头常采用双层平针组织，即 1+1 假罗纹组织［图 5-65（a）］；主体即袜身部分（包括袜筒、袜面和袜底）广泛采用纬平针+衬垫组织［图 5-65（b）］，既能保证纱线产生相应等级的压力，又能形成网孔效应，提高梯度压力袜的透气性[93]。

除上述研究外，新的功能、智能纤维如形状记忆纤维和导电纱线也用于织造压力袜，形状记忆纤维可解决压力滞后、穿着后压力值衰减等问题，导电纱线则可用于电刺激辅助疗法以及压力分布传感测试等方面[97,98]。

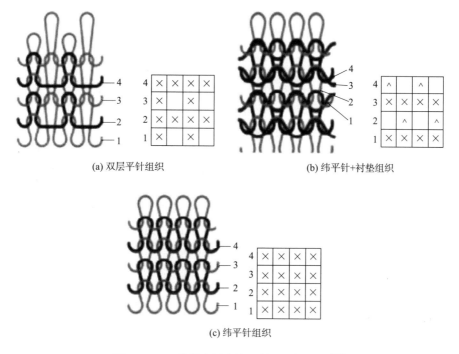

(a) 双层平针组织　　　　　　　(b) 纬平针+衬垫组织

(c) 纬平针组织

图 5-65　一款梯度压力袜上所用织物组织[93]

5.3　总结

本章主要介绍了医用纺织品的概念、分类以及典型产品的结构设计方法，特别是植入性人造器官，如人造血管、人工神经导管等，设计这类产品前都要先了解人体器官的结构和功能，按照仿生的设计原理，通过纺织加工方法，使纺织基人造器官获得人体器官相似的结构和相同的功能特点。在植入性材料上可降解材料的使用是一大趋势，但还存在很多问题，如何预测并调控植入物的降解速率与降解周期，是研究植入物降解性能的关键。植入物的降解速率应与所植入部位组织的再生速率相匹配。随着组织再生，植入物逐步降解，实现理想修复的目标。降解速率可以通过支架设计和表面改性而改变。在体内组织再生的过程中，或材料在体内承受负荷时，材料的降解速率可能发生变化。

思考题

1. 简述医用纺织品的概念，其要求有哪些？
2. 医用纺织品的分类方法有哪些？
3. 人造血管的设计原理及成型方法有哪些？
4. 管状织物的成型方法有哪些？

5. 针对可降解性医用纺织品，仿生设计时应该注意哪些问题？

参考文献

［1］李毓陵．生物医用纺织材料的研究和发展前景［J］．棉纺织技术，2010，38（2）：65-68.

［2］Thadepalli S. Review of multifarious applications of polymers in medical and health care textiles［J］. Materials Today：Proceedings，2022，55：330-336.

［3］王璐，关国平，王富军，等．生物医用纺织材料及其器件研究进展［J］．纺织学报，2016，37（2）：133-140.

［4］钱小萍．中国第一代与第二代织物人造血管的研究和开发［J］．丝绸，2011，48（9）：1-5.

［5］Singh C，Wong C，Wang X. Medical textiles as vascular implants and their success to mimic natural arteries［J］. Journal of Functional Biomaterials，2015，6（3）：500-525.

［6］关颖，关国平，林婧，等．小口径人工血管顺应性的影响因素和改善方法［J］．材料导报，2014，28（19）：125-129.

［7］Stonebridge P A，Hoskins P R，Allan P L，et al. Spiral laminar flow in vivo［J］. Clin Sci（Lond），1996，91（1）：17-21.

［8］刘泽堃，李刚，李毓陵，等．生物医用纺织人造血管的研究进展［J］．纺织学报，2017，38（7）：155-163.

［9］王英梅，李毓陵，陈旭炜，等．腔内隔绝术用人造血管超薄织物的研制与性能研究［J］．产业用纺织品，2010，28（2）：10-13，16.

［10］陈莹．使用 PTT 纤维改善机织血管径向顺应性的研究［D］．上海：东华大学，2011.

［11］Moghe A K. Study and characterization of small diameter woven tubular fabrics［D］. Raleigh：North Carolina State University，2002.

［12］Sonoda H，Takamizawa K，Nakayama Y，et al. Small-diameter compliant arterial graft prosthesis：Design concept of coaxial double tubular graft and its fabrication［J］. J Biomed Mater Res，2001，55（3）：266-276.

［13］Sonoda H，Takamizawa K，Nakayama Y，et al. Coaxial double-tubular compliant arterial graft prosthesis：time-dependent morphogenesis and compliance changes after implantation［J］. J Biomed Mater Res A，2003，65（2）：170-181.

［14］Singh C，Wang X. A biomimetic approach for designing stent-graft structures：Caterpillar cuticle as design model［J］. Journal of the Mechanical Behavior of Biomedical Materials，2014，30：16-29.

［15］丁辛，陈莹，李毓陵．一种可改善径向顺应性的纺织人造血管：中国，CN200910197649.6［P］．2009-10-23.

［16］Chen Y，Ding X，Li Y，et al. A Bilayer Prototype Woven Vascular Prosthesis with Improved Radial Compliance［J］. Journal of The Textile Institute. 2012，103（1）：106-111.

［17］高洁．基于顺应性要求的机织人造血管管壁结构的研究［D］．上海：东华大学，2010.

［18］赵学谦．机织血管径向顺应性的改善［D］．上海：东华大学，2011.

［19］毛毛．机织双层血管径向顺应性研究［D］．上海：东华大学，2013.

［20］孟粉叶，李毓陵，张俐敏，等．管径连续变化的锥形机织人工血管制备及血液流动行为仿真评价［J］．现代纺织技术，2022，30（5）：157-166，173.

［21］Stonebridge P A，Brophy C M. Spiral laminar flow in arteries？［J］. The Lancet，1991，338（8779）：

1360-1361.

[22] Morbiducci U，Ponzini R，Grigioni M，et al. Helical flow as fluid dynamic signature for atherogenesis risk in aortocoronary bypass. A numeric study［J］. Journal of Biomechanics，2007，40（3）：519-534.

[23] Caro C G，Cheshire N J，Watkins N. Preliminary comparative study of small amplitude helical and conventional ePTFE arteriovenous shunts in pigs［J］. J R Soc Interface，2005，2（3）：261-266.

[24] 张鹤. 人工血管螺旋槽结构模型的初步研究［D］. 重庆：重庆大学，2007.

[25] Zhan F，Fan Y，Deng X. Swirling flow created in a glass tube suppressed platelet adhesion to the surface of the tube：Its implication in the design of small-caliber arterial grafts［J］. Thrombosis Research，2010，125（5）：413-418.

[26] 杨夫全. 人造血管自波纹化设计［D］. 上海：东华大学，2011.

[27] 杜雪子. 锥形波纹小口径人造血管的制备与性能研究［D］. 上海：东华大学，2012.

[28] 杨夫全. 人造血管自波纹化设计［D］. 上海：东华大学，2011.

[29] 王圣、李毓陵、李刚，等. 双层分叉机织人造血管的研制［J］. 纺织学报，2009，30（5）：38-42.

[30] 刘泽堃、李刚、李毓陵，等. 纤维基腔内隔绝分叉机织人造血管的研究［J］. 产业用纺织品，2017，35（6）：6-13.

[31] 李刚、李毓陵、陈旭炜，等. 多层机织人造血管的设计与织造［J］. 东华大学学报（自然科学版），2009，35（3）：264-269.

[32] 王韶霞、林婧、劳继红，等. 原位开窗用覆膜支架织物覆膜的设计与性能研究［J］. 中国生物医学工程学报，2019，38（5）：636-640.

[33] 刘国华. 编织结构生物可降解神经再生导管的制造及性能研究［D］. 上海：东华大学，2006.

[34] 谢旭升、李刚、李翼，等. 生物医用纺织肠道支架研究进展［J］. 产业用纺织品，2016，34（10）：1-10.

[35] 秦晓、秦曦. 系列横机管状织物的设计与应用［J］. 毛纺科技，2021，49（5）：15-19.

[36] 李津. 横机三维成型针织物编织方法的研究与实践［J］. 天津纺织工学院学报，2000，19（4）：59-61.

[37] C. Comandar、李丽敏. 横机编织各种针织管状结构［J］. 国际纺织导报，2010，38（8）：39-40，42，46.

[38] 谢旭升. 丝素蛋白基载药纤维膜肠道支架的研制［D］. 苏州：苏州大学，2018.

[39] Gao S，Chen X，Lu B，et al. Recent advances on nerve guide conduits based on textile methods［J］. Smart Materials in Medicine，2023，4：368-383.

[40] 戴家木、聂渡、李素英，等. 纤维基人工神经导管的研究进展［J］. 纺织学报，2022，43（12）：190-196.

[41] 张淑军. 蚕丝/镁丝复合编织多孔结构神经导管的制备及其性能研究［D］. 苏州：苏州大学，2020.

[42] Liu Y，Yu F，Zhang B，et al. Improving the protective effects of aFGF for peripheral nerve injury repair using sulfated chitooligosaccharides［J］. Asian Journal of Pharmaceutical Sciences，2019，14（5）：511-520.

[43] 余逸玲. 基于静电纺丝纤维构筑神经导管用于周围神经损伤的修复［D］. 北京：北京化工大学，2022.

[44] 路青青. 仿生取向丝蛋白三维支架的制备及其修复神经缺损的研究［D］. 苏州：苏州大学，2021.

[45] Clements B A，Bushman J，Murthy N S，et al. Design of barrier coatings on kink-resistant peripheral nerve conduits［J］. J Tissue Eng，2016，7：2041731416629471.

[46] Pillai M M，Kumar G S，Houshyar S，et al. Effect of nanocomposite coating and biomolecule functionalization on silk fibroin based conducting 3D braided scaffolds for peripheral nerve tissue engineering［J］. Nanomedi-

cine：Nanotechnology，Biology and Medicine，2020，24：102131.

[47] Wang Y, Gu X, Kong Y. Electrospun and woven silk fibroin/poly (lactic-co-glycolic acid) nerve guidance conduits for repairing peripheral nerve injury [J]. Neural Regeneration Research，2015，10 (10)：1635-1642.

[48] Gopalakrishnan-Prema V, Mohanan A, Shivaram S B, et al. Electrical stimulation of co-wovennerve conduit for peripheral neurite differentiation [J]. Biomedical Materials，2020，15 (6)：65015.

[49] Pillai M M, Sathishkumar G, Houshyar S, et al. Nanocomposite-coated silk-based artificial conduits：The influence of structures on regeneration of the peripheral nerve [J]. ACS Appl Bio Mater，2020，3 (7)：4454-4464.

[50] 陈钱，杨茂园，赵明达，等. 编织法制备人工神经导管的研究 [J]. 现代纺织技术，2019，27 (5)：6-10.

[51] 黄一玮，王迎，裴雪青. 壳聚糖/聚乳酸包芯纱编织神经导管支架材料的性能 [J]. 上海纺织科技，2022，50 (8)：50-52.

[52] 姚若彤，赵婧媛，闫一欣，等. 新型可降解编织结构神经再生导管的制备及其性能 [J]. 纺织学报，2022，43 (2)：125-131.

[53] Neville W E, Bolanowski J P, Kotia G G. Clinical experience with the silicone tracheal prosthesis [J]. J Thorac Cardiovasc Surg，1990，99 (4)：604-612，612-613.

[54] 刘法兵，阮征. 可降解气管支架的研究进展 [J]. 中国胸心血管外科临床杂志，2016，23 (3)：289-293.

[55] 王利平. 组织工程用仿生型机织气管支架的研制 [D]. 上海：东华大学，2018.

[56] 傅本胜. 新型机织可降解气管支架的开发 [D]. 上海：东华大学，2015.

[57] 刘艳. 针织结构人工气管的制备及性能研究 [D]. 上海：东华大学，2006.

[58] 史丰田，张梅，王世红，等. 仿生结构人工韧带的制造方法综述 [J]. 中国医药科学，2020，10 (24)：54-57.

[59] 吴佳蔚，刘明洁，王璐，等. 编织型丝素纤维人工韧带及其体外降解性能研究 [J]. 生物医学工程学进展，2020，41 (1)：5-9，42.

[60] 刘明洁，林婧，关国平，等. 典型纺织基人工韧带及其移出物结构与力学性能 [J]. 纺织学报，2020，41 (11)：66-72.

[61] 张茜，庄兴民，雷敏，等. 机织管状人工韧带的结构及性能研究 [J]. 产业用纺织品，2016，34 (4)：20-23.

[62] Altman G H, Horan R L, Lu H H, et al. Silk matrix for tissue engineered anterior cruciate ligaments [J]. Biomaterials，2002，23 (20)：4131-4141.

[63] Li X, Snedeker J G. Wired silk architectures provide a biomimetic ACL tissue engineering scaffold [J]. Journal of the Mechanical Behavior of Biomedical Materials，2013，22：30-40.

[64] 陆腱，李宏，刘桂连，等. HAp 增强 PLA 纤维基人工韧带的骨细胞活性研究 [J]. 合成纤维工业，2022，45 (5)：11-16.

[65] Dong Q, Cai J, Wang H, et al. Artificial ligament made from silk protein/Laponite hybrid fibers [J]. Acta Biomater，2020，106：102-113.

[66] 刘明洁. 力学增强且降解可控的编织型丝素纤维人工韧带材料研究 [D]. 上海：东华大学，2021.

[67] 黄云帆. 全可降解人工韧带的成型及其力学和生物学性能研究 [D]. 上海：东华大学，2020.

[68] 王一婷. 仿生结构丝素纤维人工韧带材料表面改性及细胞相容性 [D]. 上海：东华大学，2020.

[69] He J, Jiang N, Qin T, et al. Microfiber-reinforced nanofibrous scaffolds with structural and material gradients to mimic ligament-to-bone interface [J]. J. Mater. Chem. B.，2017，5 (43)：8579-8590.

[70] 程志，吴佳蔚，王一婷，等．丝素纤维人工韧带材料表面改性及其体外矿化性能［J］．生物医学工程学进展，2018，39（4）：187-191，226.

[71] 天津海滨人民医院．外科历史：外科缝线那些你不知道的事儿［EB/OL］．［2023.02.05］．https://www.dgzyy.com/news/13860.html.

[72] 侯丹丹．编织型抗菌真丝缝合线的制备工艺对其结构与性能的影响［D］．上海：东华大学，2015.

[73] 张倩．肌腱修复用功能缝合线的仿生构建与性能研究［D］．上海：东华大学，2021.

[74] 程康．倒刺型蚕丝缝合线的制备与性能研究［D］．苏州：苏州大学，2021.

[75] 吴沁婷．抗菌/抗炎功能医用蚕丝缝合线的研制［D］．苏州：苏州大学，2021.

[76] 田焰宽，郑兆柱，李毓陵，等．生物医用人工胸壁的研究进展［J］．国际纺织导报，2019，47（9）：25-29，42.

[77] Theodorou C M, Lawrence Y S, Brown E G. Chest wall reconstruction in pediatric patients with chest wall tumors: A systematic review［J］. Journal of Pediatric Surgery, 2023, 58（7）: 1368-1374.

[78] 乔燕莎，黄乃思，武亚琼，等．非生物补片在乳房重建中的应用进展［J］．中国修复重建外科杂志，2017，31（9）：1141-1145.

[79] 苗琳莉，王舫，王璐，等．纺织基疝修复假体材料及产品特征［J］．东华大学学报（自然科学版），2014，40（6）：758-766.

[80] 杨苛．带人工肋骨的人工胸壁修补网的研制［D］．上海：东华大学，2010.

[81] 杨苛，汪永明，李毓陵，等．新型人工胸壁修补网及人工肋骨织物的研制［J］．产业用纺织品，2009，27（12）：15-19.

[82] 魏娴媛．医用纺织品的应用研究进展［J］．毛纺科技，2020，48（9）：104-109.

[83] 李梅，安玉山．医用纯棉弹性绷带的技术探讨［J］．山东纺织科技，2003，44（5）：9-10.

[84] 程冉，张瑜，王海楼．不同涤纶/氨纶纱线比混织医用绷带的力学及透气性能［J］．南通大学学报（自然科学版），2020，19（3）：68-72.

[85] 陈淑珍．医用绷带中国专利分析［J］．纺织科学研究，2019（7）：78-80.

[86] 徐先林．医用成型压力绷带的研究［D］．天津：天津工业大学，2002.

[87] 金晓东．基于双针床经编机生产一次成形医用绷带的工艺设计与开发［J］．青岛大学学报（自然科学版），2019，32（4）：6-10.

[88] 田齐芳．新型医用聚氨酯合成及液体绷带研究［D］．北京：北京化工大学，2014.

[89] Derakhshandeh H, Kashaf S S, Aghabaglou F, et al. Smart bandages: The future of wound care［J］. Trends in Biotechnology, 2018, 36（12）: 1259-1274.

[90] Barman J, Tirkey A, Batra S, et al. The role of nanotechnology based wearable electronic textiles in biomedical and healthcare applications［J］. Materials Today Communications, 2022, 32: 104055.

[91] Zheng C, Li W, Shi Y, et al. Stretchable self-adhesive and self-powered smart bandage for motion perception and motion intention recognition［J］. Nano Energy, 2023, 109: 108245.

[92] 刘晓凤，张倩，王璐．医用压力袜的结构特征及其研究进展［J］．生物医学工程学进展，2019，40（2）：78-82.

[93] 杨可，宋婧，王朝晖．梯度压力袜发展现状与应用［J］．产业用纺织品，2019，37（5）：1-5，11.

[94] 宫鲁蜀．下肢运动对压力袜压力分布的影响研究［D］．苏州：苏州大学，2019.

[95] Bruniaux P, Crepin D, Lun B. Modeling the mechanics of a medical compression stocking through its components behavior: Part 1-modeling at the yarn scale［J］. Textile Research Journal, 2012, 82（18）: 1833-1845.

[96] Chattopadhyay R, Gupta D, Bera M. Effect of input tension of inlay yarn on the characteristics of knitted circu-

lar stretch fabrics and pressure generation [J]. Journal of the Textile Institute, 2012, 103 (6): 636-642.

[97] 戴忆凡. 智能压力袜的开发与性能研究 [D]. 杭州: 浙江理工大学, 2019.

[98] Sanchez A E, Blanka K A, Laffleur F. Allergies caused by textiles: control, research and future perspective in the medical field [J]. Int Immunopharmacol, 2022, 110: 109043.

第6章　电子可穿戴智能纺织品设计

服装是生活中至关重要的产品。人们对于服装的需求早已不限于遮丑和保暖，而是追求服装的功能化、个性化及智能化需求。穿戴式智能服装是指将电子检测系统集成在服装及其附件上，在日常穿着使用中即可实现人体生理信号的检测。服装作为"第二皮肤"，与人体接触密切，具有轻薄舒适、移动便携、覆盖面大等优点，是获取人体信号的最佳媒介。而针织服装，由于其特殊的结构，表现出柔软舒适、弹性贴身及便于衬入导电传感材料的特点，因此常常用作智能柔性传感器的研究载体，可检测使用者的体温、心跳、呼吸等生理参数，也能实现对肌肉群活动情况及人体运动状态的监测，如图6-1所示。目前，全球范围内已经有不少研发机构在研究智能服装，但要真正实现智能服装的产业化还有许多问题有待解决，例如织物柔性传感器的灵敏度、稳定性、耐久性以及规模化生产等，并且对于不同编织结构、针织线圈、穿着压力、洗涤条件等因素对生理参数检测的影响也没有系统的理论研究。

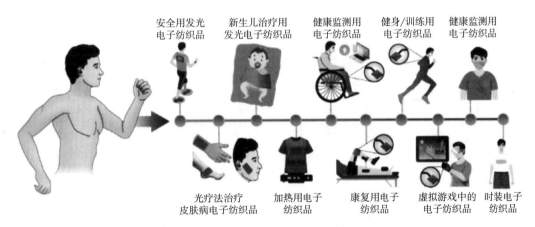

图6-1　智能纺织品的应用[1]

6.1　电子智能纺织品概念及发展阶段

6.1.1　电子智能纺织品概念

电子智能纺织品是将传感、通信、人工智能等高科技手段应用于纺织技术而开发出的纺织品，通常由传感器、执行器、数据传输与处理、电源等模块组成，能够实现多维度的数据采集，如图6-2所示。以纤维材料为基础的柔性电子技术、光子技术，可按程序感知外部激励并变化，其核心要素是感知、反馈和响应[2,3]。

图 6-2　电子智能纺织品

6.1.2　电子智能纺织品发展阶段

电子智能纺织品发展可分为三个阶段：第一阶段为组合式智能纺织品，即在纺织品中加载功能载体，也就是面料与刚性电子元器件、微型化智能电子元件的组合；第二阶段是一种基片或其他非敏感但不可分割的传感器组成物；第三阶段为结构智能纺织品，是指传感器的所有组成部分均为纺织材料，因此组成纺织品的材料为特种纤维，如导电纤维、光纤等。

组合式智能纺织品需要发展微型电子元件、芯片、计算器、薄柔型新电源、微小传感器等，使其更适合与纺织品组合。结构智能纺织品则需要柔性导电纤维或光纤材料，依赖于纳米纤维、石墨烯、碳纳米管、光导纤维、光栅纤维、光散射纤维、导电纤维、压电纤维、热敏纤维、光变色纤维等的发展。

图 6-3 为电子纺织品的发展阶段，图中（a）为将柔性线路装置通过绣花工艺放置在服装上；（b）为导电纱线编织物；（c）为柔性电子条；（d）为由显示器、键盘及电源组成的全集成纺织系统，以及显示器纺织品的照片和概念设计，显示脑电波可以被解码成显示在衬衫上的信息。无缝发光或交互式纺织品可以将可穿戴电子纺织品展示的概念直接转移到人类皮肤上，从而实现时尚、视觉零售和个人安全的现代化。这些可穿戴纺织品中的大部分信号将通过蓝牙或 WiFi 等无线通信系统连接到用户的智能手机上，并传输数据以促进大数据云计算。

织物具有柔性、变形大的特点，同时轻盈、舒适，且具有大面积设计的特点，能够给时尚设计及实时、智能、可长期穿戴设计提供场所。这是因为纺织品具有其他平面结构所不具备的两个特征：一是双曲率效应，在多轴向受力的交点（奇点）附近的应力由于纤维之间的滑移而得到有效释放，形成光滑的曲率应变区域，避免材料应力集中而造成断裂；二是纺织品可在较大应变范围内使用，即使进入了材料的应力屈服区，也能通过调整织物结构避免其失效。故纺织品独特的结构是构筑柔性应变传感器理想的平台。图 6-4 所示织物的成型方式如机织、针织、编织、非织造和三维编织结构等都可用于电子织物的成型。但目前织物传感器的功能性如灵敏度、精确度、快响应速度、宽传感范围等还不能同时达到要求，更重要的是功能性及其耐久性、稳定性还不能够有效统一，迫切需要利用新的传感原理，通过更

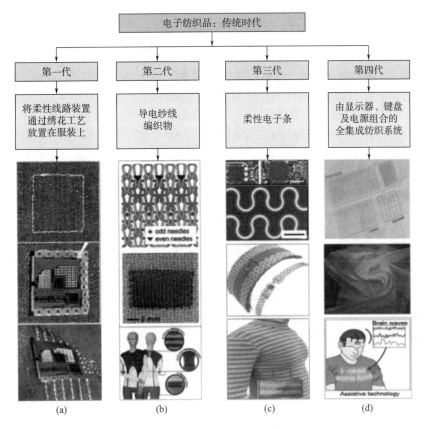

图 6-3　电子纺织品的发展阶段[1]

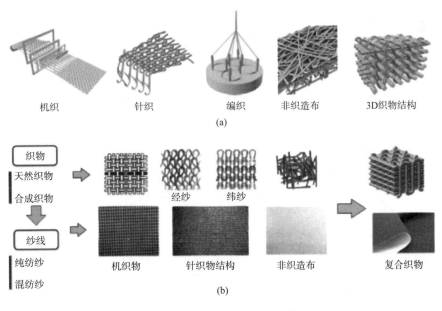

图 6-4　电子织物成型方式[1]

优化的结构设计来解决上述问题，以实现可穿戴织物传感器在智能运动服、未来军装、医疗保健监测、人机界面和智能软机器人等领域的真正应用。

6.2　导电材料及导电纺织品的制备

纺织基导电材料可分为本征型导电纤维和非本征型导电纺织品，本征型导电纤维有金属纤维和碳纤维；非本征型导电纺织品为不导电纺织品与导电物质通过各种方式结合而制成的各种纺织品，如金属纤维混纺的短纤纱、金属丝作为芯纱并外包纤维制成的包芯线、导电聚合物长丝等。

在制备导电纺织品前首先要确定导电材料，通常可以从以下几种分类中进行选择：导电碳类、导电高分子类和金属粒子。导电碳类中常见的材料有石墨烯、炭黑和碳纳米管等；导电高分子材料中有聚吡咯、聚苯胺等；铜、银等金属材料制备为导电金属粒子后，包覆在纤维表面也可以赋予纤维导电性能。

6.2.1　导电材料

6.2.1.1　导电碳类——石墨烯、炭黑、碳纳米管

（1）石墨烯。石墨烯是一种由碳原子以 sp 杂化轨道组成、紧密堆积而成的六角形蜂巢晶格状的二维碳纳米材料。其具有较为优异的电学、力学、光学等性能，在生物医学、材料学等领域内有广泛应用。吴玲娅等[4] 将石墨烯作为导电材料制备石墨烯聚苯胺/芳纶（PA-NI/PPTA）复合导电纱线。试验发现，石墨烯能够均匀地包裹纤维，其分散性好。如图 6-5 所示，随着纤维表面石墨烯的含量增大，导电纱线的导电性能增加。当纤维表面的石墨烯含量增加至 1.5% 时，电导率的最大值为 5.2S/cm，是 PANI/PPTA 的四倍，继续增加纤维表面石墨烯的量，电导率稳定在最大值，不再增加。并且导电纱线的断裂强度不受纤维表面石墨烯含量的影响。除了纤维表面聚吡咯的量对纤维的导电性能产生影响外，纤维形变量对导电性能的影响也较为明显。胥宇等[5] 制备了氧化石墨烯/聚丙烯酸（GO/PAA）复合纤维，并将其还原为还原氧化石墨烯（rGO）导电纱线后，发现纤维形变小于 3% 时，其导电性能最好，且较为稳定。如图 6-6 所示，改变石墨烯的质量配比，还原氧化石墨烯 10/聚丙烯酸 1

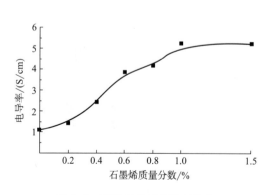

图 6-5　石墨烯质量分数对复合
导电纱线电导率的影响[4]

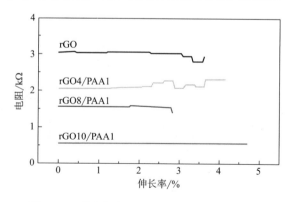

图 6-6　不同质量配比的复合纤维拉伸电阻对比[5]

（rGO10/PAA1）的电阻值最小，其不受纤维拉伸形变的影响，电阻率稳定在 $3.04×10^{-5}\Omega\cdot m$。其电阻随着伸长率的增加，变化趋势不稳定。经分析其原因，可能是石墨烯分布不均匀导致纤维拉伸后发生断路，影响复合纱线的导电性。

（2）炭黑。炭黑（CB）是由类化合物经过不完全燃烧裂解等形式形成一种类似球体的准石墨结构物质，是一种无定形碳，表面呈现为黑色粒状或粉末的形态。炭黑由于颜色纯度较高，是油墨、油漆制备过程中的一种重要材料，也可以用于橡胶的补强剂或轮胎的制作中。复合纤维的导电原理如图 6-7 所示，炭黑在纤维内形成导电通道。孙福等[6] 制备了炭黑复合导电聚氨酯纤维，探究了纤维表面炭黑质量分数以及牵伸比对纤维导电性能的影响。通过试验测试发现，随着炭黑的质量分数增大，纺丝液的黏度也随之增大，熔体难以流动。当炭黑的质量分数增大到 25% 时，其黏度过大，无法进行复合纺丝。

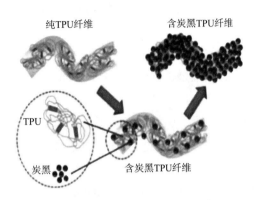

图 6-7　复合纤维的导电原理[6]

（TPU 即热塑性聚氨酯）

（3）碳纳米管。碳纳米管是一种新型碳基纤维材料，其结构较为特殊，呈六边形排列，形成几层到几十层的同轴圆管，各层间距非常固定。由于六边形可以呈现出不同的取向，通常具有三种形式：锯齿形、扶手椅形和螺旋形。碳纳米管是纳米材料，其重量很轻，具有优异的电学、力学等性能。陈钦[7] 制备了碳纳米管/聚氨酯涂层导电纤维。该试验运用非共价键改性工艺改善了纤维与涂层间的界面作用力。热塑性聚氨酯可以使纳米填料中的氢原子与纤维中的氮原子结合形成氢键，增加界面作用力。当纳米填料为 3%、应变在 30% 时电阻变化率达到 1200%，应变为 5% 时，灵敏度为 26.43。用此方法制备的导电纤维其综合性能较为稳定，循环加载 1000 次后仍然具有良好性能，适用于人体关节运动监测等领域。

综上可知，石墨烯在制备成为导电纤维时，可以均匀地附着在纱线表面，具有良好的分散性能。炭黑导电纤维通常使用纺丝的工艺进行制备，炭黑的质量分数对纺丝液黏度有较大影响，制备导电纱线时炭黑含量超过 25% 后无法纺丝。炭黑质量分数的增大会使导电纱线的断裂强度降低。使用碳纳米管制备导电纱线时，可以与金属粒子复合提高导电性。目前需要解决的问题是碳纳米管与金属层的结合能力。纱线表面的导电材料的量是决定导电性的关键因素。随着纱线表面石墨烯质量分数的增加，电导率先上升之后稳定在 5.2S/cm。

6.2.1.2　导电高分子类——聚吡咯

聚吡咯是一种常用的导电聚合物，试验研究中通常对吡咯单体通过电化学氧化工艺制备成导电薄膜，或使用化学聚合的方法形成稳定性较好的导电聚合物。聚吡咯还可以应用于电显示材料的制备中，其光导电性能较好，将大疏水阴离子按照一定比例掺杂在聚吡咯中，可以使其在空气中的稳定性明显提高。聚吡咯的量会对导电性能造成影响，所以需要通过改变聚吡咯在纤维表面聚合的量来控制导电性能。为探究纤维表面聚吡咯的量对导电性能的影响，何青青等[8]探究了导电涂层织物的制备，将棉针织物作为基材，在织物表面聚合吡咯，探究吡咯浓度对导电效果的影响。试验表明，吡咯浓度较低时，棉针织物表面聚吡咯浓度低，其导电效果差；吡咯浓度增加到一定值时，氧化效果变差，此时棉针织物的导电性能不再发生变化。吡咯浓度在 0.3mol/L，其在 0℃环境下聚合 4h 为聚合的最佳工艺。

6.2.1.3　金属粒子

金属纤维是常见的一种导电纤维，金属粒子可采用电镀的形式包覆在纤维表面，所以具有良好的导电性能。但是由于金属的价格较高且抱合力较小，纺丝较为困难，所以通常用于制备功能性服装面料。为了进一步探究金属粒子经电镀处理后纱线的导电性能，赵红等[9]采用无钯化学镀镍工艺制备棉/氨纶导电纱线，使镍在纱线表面沉积，镀镍质量是影响化学镀镍的关键。试验结果表明，随着镀镍质量增大，电阻增大，回弹性变小。当镀镍质量为 0.05g，电阻达到 10.09Ω，此时纱线可保持弹性，3cm 长的导电纱线可拉伸至 14cm，导电性和拉伸性达到平衡状态。除了考虑金属离子在纱线表面沉积的量之外，还需要探究使用环境中影响纱线导电性的因素。

6.2.1.4　小结

如上所述，导电碳类、导电高分子类和金属粒子制备的导电纱线都具有良好的导电性能，但在应用上仍存在一些困难，如氧化石墨烯难以从聚合物中分散，需要将其还原为具有更多亲水基团的还原氧化石墨烯。利用炭黑制备复合纤维时，炭黑质量分数过大会导致纺丝液黏度过大，熔体难以流动，并且会严重影响导电纤维的断裂强度。制备聚四氟乙烯复合纤维，炭黑质量分数为 5%时导电效果最好，电阻率为（1.96±0.39）×10^6Ω·m；制备棉复合纤维时，电阻率最低可达到 710Ω·cm。碳纳米管制备的导电纤维的综合能力较为稳定，且可重复性能良好。采用湿法纺丝制备复合纤维时电导率最高可达到 1.3×10^6S/m。但由于设备要求过高，不适用于实验室制备。金属粒子通常使用电镀的方式来制备复合纤维。纱线质量和金属粒子的量均会对复合纤维的导电性能起到决定性作用，实验过程较为复杂。且有文献表明，单一导电材料制备的导电纱线灵敏度会受到导电材料自身性质的影响。如炭黑耐久性良好；石墨烯在小应变下灵敏度高；碳纳米管在大应变下灵敏度高；银纳米材料具有较大应变范围[10]。

聚吡咯具有良好的附着力和成膜性能，可直接进行聚合，聚吡咯的量对于纤维的导电性能会有较大影响。聚吡咯复合锦纶纱线的电阻值达到 1.82Ω，工艺条件较为简单，性能稳定。因此基于上述分析，选用聚吡咯作为导电活性材料用于纱线电阻式传感器的开发。

6.2.2　导电纺织品

制备导电纱线时，将导电材料与纱线基体进行融合时通常有两种方式。一种是将导电材料通过纺丝的方式加入纤维中，包括熔融纺丝、湿法纺丝和静电纺丝三种工艺。另一种是将导电材料直接涂覆在纱线基体表面，主要制备工艺为涂层法。

6.2.2.1　熔融纺丝和湿法纺丝工艺

湿法纺丝与熔融纺丝工艺是制备纱线电阻式传感器的常用方法，可将导电材料加入纱线当中，使织物具备导电性能。熔融纺丝法制备纱线时，由于加入过多导电材料会使纺丝液变得黏稠，无法纺丝。所以熔融纺丝法只能在纤维中加入少量导电材料。巴蒂斯塔-基哈诺（Bautista-Quijano）等[11] 采用熔融纺丝工艺制备了碳酸酯/多壁碳纳米管复合导电纤维。试验发现，牵伸比和碳纳米管含量对纤维的导电性能影响较大。如图 6-8 所示，当碳纳米管的质量分数在 2% 时，牵伸比对电阻率的影响较大，差异达到 6 个数量级。当碳纳米管的质量分数大于 3% 时，纤维的纺丝性能变差，碳纳米管的质量分数大于 5% 后无法进行纺丝。证实了熔融纺丝法无法加入过多导电材料这一缺点。

湿法纺丝与熔融纺丝相比，可以在纤维中加入更多导电材料，且纤维直径更为均匀，传感性能更为优异。刘小波[12] 采用湿法纺丝工艺制备了炭黑/聚氨酯复合纤维。湿法纺丝试验结果表明，炭黑可以均匀地分布在聚氨酯基体内，且随炭黑含量增加，纤维的导电性能增大，断裂强度呈现先增加后降低的趋势，如图 6-9 所示。炭黑含量低时，拉伸倍数增大可提高导电纤维的电阻率。当炭黑的质量分数在 20% 时，电力学性能达到平衡，且热处理会使导电纤维的弹性回复率显著提高。湿法纺丝工艺也可用于制备聚丙烯腈/氧化石墨烯复合纤维，使纤维具有优异的动态热机械性能。李万超[13] 采用湿法纺丝工艺制备了炭黑/聚氨酯复合纤维，电学性能测试结果表明，纤维表面的炭黑质量分数在 15%~16% 时，电阻值明显下降，出现逾渗阈值。如图 6-10 所示，电阻值也会随着牵伸比的增大而增大，试验中牵伸比（DR）最小为 367，此时电阻值最小，纤维导电性能最好。吕尤[14] 用固含量为 23% 的聚苯胺通过湿法纺丝工艺制备聚苯胺导电纤维，电导率达到 4.5S/cm。

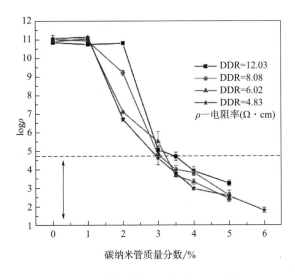

图 6-8　不同牵伸比下纤维的电阻率
随碳纳米管浓度的变化[11]

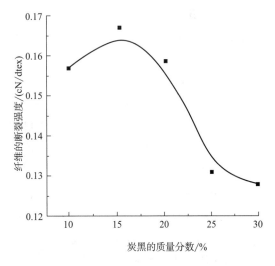

图 6-9　炭黑的质量分数对纤维
断裂强度的影响[12]

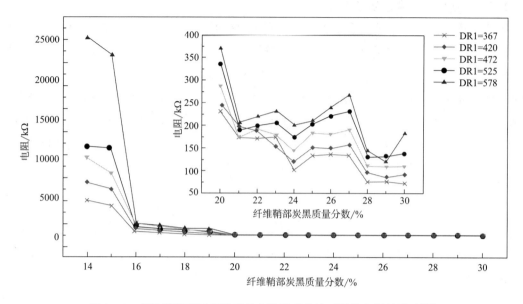

图 6-10   纤维鞘部不同炭黑质量分数及牵伸比对纤维电阻的影响[13]

6.2.2.2   静电纺丝工艺

静电纺丝工艺的加工原理是将聚合物溶液上带有几千至上万伏的高压静电，带电的聚合物液滴在毛细管顶点，而后在电场力的作用下加速。在电场力足够大时，聚合物液滴克服表面张力形成喷射细流。在喷射的过程当中聚合物溶液的溶剂会发生蒸发或固化现象，最终落在接收装置上，形成类似非织造布状的纤维毡。周明博等[15] 采用静电纺丝工艺制备了炭黑/尼龙 6 纤维，通过试验测试发现，与传统的制备工艺相比，此方法所制备出的纤维，其逾渗阈值明显降低。试验中炭黑的质量分数为 2.5%，与传统工艺中炭黑质量分数 8.5% 相比降低了 6%。唐（Tang）等[16] 将碳纳米管（CNT）均匀分散至柔性热塑性聚氨酯（TPU）基体内，试验采用多针液浴静电纺丝工艺，制备具有高拉伸的碳纳米管/热塑性聚氨酯复合纳米纤维纱线（1.02kΩ/cm），其断裂伸长率达到了 476%。

6.2.2.3   涂层法

涂层法是一种常用的导电纤维制备方法，其工作原理是在纤维表面涂覆一层聚合物、金属粒子或非金属复合物，从而可以改变纤维的导电性。尤姆（Eom）等[17] 采用涂层法制备了聚 3,4-亚乙基二氧噻吩涂层聚酯导电纱线。在其表面使用聚甲基酸甲酯钝化纤维作为保护涂层，制备纱线电阻式传感器，应变系数约为 0.9。电阻值随应变的增加而降低，在应变为 20% 时，进行 1000 次循环拉伸测试，初始阶段由于导电涂层裂开，阻力发生较大变化，导电纤维的重复性能较差，仅适用于应变低于 20% 时应用。为了增大导电纱线的应用范围，范（Fan）等[18] 采用涂层法在弹性聚氨酯纤维表面涂覆一层聚苯胺导电涂层，制备复合纱线电阻式传感器。如图 6-11 所示，将纤维表面的聚苯胺含量控制在 6%~7%（质量分数），导电性最好，传感工作范围达到了 1500%，但聚苯胺涂层在纤维表面附着能力较差，重复性较差。试验虽然扩大了应用范围，但导电纱线的重复性并未得到明显改善。吴（Wu）等[19] 在聚氨酯纱线表面涂覆一层炭黑和天然橡胶聚合的导电复合材料，制备了灵敏度较高的纱线电阻式传感器。经过传感性能测试，其应变系数达到了 39，检测限为0.1%。经过 10000 次拉伸试验后各项数据均未发生较大变化，其重复性能良好。在监测人体微小运动时，实时传感性能良好。

6.2.2.4　小结

综上所述，采用熔融纺丝或湿法纺丝、静电纺丝和涂层法纺丝工艺均可以制备导电纱线。但在操作流程的难易程度，以及赋予导电纤维优异的性能方面存在不同之处。熔融纺丝工艺相较于湿法纺丝工艺其纺丝速度较快，且工艺相对简单。但

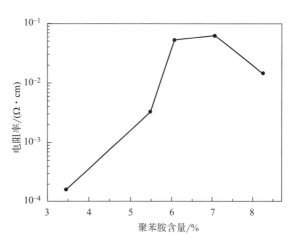

图 6-11　聚苯胺含量对纤维导电性的影响[18]

是由于纺丝受到加入导电填料量的影响，只能在纤维中加入少量导电填料。而湿法纺丝工艺充分地改善了这一缺点，且制备出的导电纱线结构较为均匀，牵伸比对导电纱线的断裂强力影响较小。但是由于对设备要求较高，且纺丝速度慢，所需成本较高。静电纺丝工艺制备炭黑/尼龙 6 纤维时，其逾渗阈值较低。炭黑的用量少，所需成本较低。CNT/TPU 导电纱线的电阻值达到 1.02kΩ/cm。以上三种制备工艺的相同之处是制备方式均为将导电物质融入纤维之中，牢固性好。但制备过程相对较为复杂。涂层法是将导电材料整理到纤维表面，工艺简单，流程短，纱线的导电和传感性能优良，但在拉伸过程中，导电涂层和基体材料间可能会发生移位。在应变为 20% 时进行重复拉伸试验，导电涂层出现裂纹，牢固性有待提高。总之，涂层法制备的导电纱线，需要进一步优化导电纱线的稳定性。

由于上述文献中使用的导电材料与纱线基材有所不同，导电性能会由于材料本身性能存在差异。所以基于涂层法的制备工艺较为简单，试验选用涂层法制备导电纱线。

6.2.3　导电纱线的制备及性能

制备导电纱线还需要考虑纱线基体材料的选择，通常有短纤维纱线、弹性长丝及包芯纱几种类型。纱线结构的不同，会对导电纱线的导电性能及传感性能产生不同的影响。

6.2.3.1　短纤维导电纱线

短纤维纱线是短纤维（如棉、毛、麻等）经过纺纱加工所形成的一种具有各种捻度的纱线，其被捻合后的形态为有纤维端伸出的纱条。短纤维导电纱线的形成可以是在纺纱过程中将导电短纤维加入和常规纤维一起纺纱而成，也可采用普通短纤维纱线进行表面涂层制得。制成织物后有毛绒感，具有吸湿性好、静电少、保暖性好和与皮肤接触较为舒适的优点。但短纤维纱线的强度较低，且有光线暗淡、易脏易起球的缺点。已有研究在棉纱[20]、毛纱[21] 上成功制备聚吡咯复合导电纱线。纳贾尔（Najar）等[22] 采用了连续蒸汽聚合技术设备，在羊毛上聚合聚吡咯涂层，得出羊毛导电纱线的电阻率最佳值为 2.96Ω·cm。聚吡咯（PPy）涂覆的羊毛纱线比未涂覆的羊毛纱线伸长率更大。观察羊毛纱线的横、纵截面图可知，PPy 涂层可以渗透到纱线内部，并且在羊毛表面上聚合均匀。瑟日（Souri）等[23] 运

用简单的涂覆技术在羊毛上附着一层导电油墨，从而获得导电性较高的羊毛纱线，通过改变弹性体中活性材料的形状来调整灵敏度，从而制造不同类型的纱线电阻式传感器，纱线电阻式传感器可以体现出高达 200% 的施加拉伸应变。将拉伸范围控制在 0~127% 和 127%~200% 时，应变系数分别达到 5 和 7.75。充分展示出纱线电阻式传感器监测人体运动的能力。有研究发现，对短纤维纱线施加拉力，纤维之间会发生滑移。并且纤维横向受到压缩，接触点更为紧密，电阻减小。但因为纤维本身较细，当拉伸到一定长度时电阻变化趋于平缓，结果如图 6-12 所示。将导电纤维制成织物后，短纤维纱线形成通路的方式是纤维间的摩擦[24]。

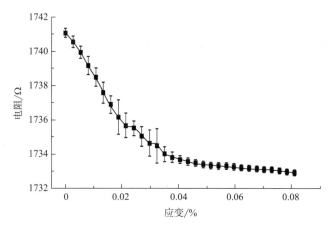

图 6-12　短纤维纱线在拉伸作用下电阻变化趋势[25]

6.2.3.2　导电长丝纱

长丝纱很少加捻，是一种光滑紧密的丝条，织物呈现出丝感。与短纤维纱线不同的是，其强度较大，且具有光滑、光泽好、不易起球沾污等优点。但长丝纱的吸湿性低于短纤维纱，更易起静电，且与皮肤接触舒适性较差。短纤维纱、变形纱、长丝纱特征对比见表 6-1。导电长丝纱可以是在纺丝液中添加导电活性粒子，也可以通过表面涂层获得。

表 6-1　短纤维纱、变形纱、长丝纱特征对比

短纤维纱	变形纱	长丝纱
具有各种捻度	捻度很小	很少加捻
由短纤维捻合而成，有纤维端伸出纱条	连续不均匀疏松有捻度纱条	光滑紧密的丝条
织物有毛绒感	介于短纤维纱和长丝纱之间	织物有丝感
光线暗淡，易起球，易脏	色光暗淡，有绒毛，与织物结构有关，比长丝纱易脏	手感光滑，光泽好，不易起球，不易沾污
强度较弱	强度中等	强度最大
吸湿性好，静电少，保暖性好，与皮肤接触舒适	介于短纤维纱和长丝纱之间	低于短纤维纱、变形纱

弹性长丝是长丝纱的其中一种，其具有较好的回弹性能。吴亚金等[26]　制备了碳纳米

管/聚氨酯导电纱线，基于其较为优异的弹性和导电性能这一特点，研究了导电纱线的传感性能及电热性能。将应变控制在 10% 时对导电纱线进行 200 次重复拉伸测试，电阻变化率稳定在 10%，纤维的回弹性和稳定性能良好。将导电纱线加压通电后导电纱线升温至 75℃，进行弯曲折叠试验，并未发生断裂等现象，证明其柔韧性能和电热性能良好。对长丝进行拉伸测试，发现随应变增大电阻在拉伸初期先减小后增大，如图 6-13 所示。长丝形成的导电通路来自两部分，一部分来

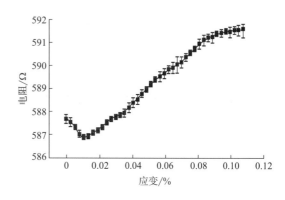

图 6-13　长丝纱线拉伸作用下电阻变化趋势[25]

自纤维间接触，另一部分来自电流在长丝中流动形成通路。长丝结构较为紧密，在拉伸状态下截面收缩，长丝间距离减小，接触电阻减小，因此整体电阻先降低，随着拉伸的进行，长丝上导电粒子间的间隔增大，电阻也变大[25]。图 6-14 所示为不同种类织物表面 SEM 图。

(a) 碱减量涤纶织物(×600)　　　　　　(b) 碱减量涤纶织物(×10000)

(c) 聚吡咯涤纶复合织物(×600)　　　　(d) 聚吡咯涤纶复合织物(×10000)

图 6-14　不同种类织物表面 SEM 图

6.2.3.3　导电包芯纱与包缠纱

包芯纱是将两种及两种以上纤维合制而成的一种新型纱线。芯纱通常为化纤长丝，外包纱线通常是天然、人造短纤维纱，可以同时拥有两种纱线的优异性能。包芯纱与包缠纱结构对比见表 6-2。在此种结构中可以是包芯纱为导电长丝，外包纤维不导电，这种纱线可应用于电容式传感器或超级电容器中。也可以都导电，或芯纱不导电，只提高弹性等力学性能，而外包纱线导电，做成具有不同性能的电阻式传感器。

表6-2 包芯纱与包缠纱结构对比

项目	芯纱	外包纱
包芯纱	化纤长丝	天然、人造短纤维纱完全包覆
包缠纱	长纤维或短纤维(平行)	多股或单股长丝缠绕

包芯纱的制备工艺会影响其导电性能。例如，荣翔[27]发现以氨纶作为基材的包芯纱在纺纱的过程中，由于纺纱时纱线张力较大，在纱线退绕后出现了回捻缠绕的现象，此现象会改变纱线的原有捻度，甚至出现纱线相互缠绕的现象。在后续的试验过程中会影响导电材料的附着效果，一些研究通过对包芯纱制备过程的改进避免了这一现象。包芯纱结构也会影响导电纱线的导电和传感性能。李（Li）等[28]发现在拉伸后纱线上的聚吡咯会出现裂纹，包芯纱结构发生变化会影响纱线电阻式传感器的导电性能。最终发现，以混合聚氨酯（PU）纱线作为基材制作的纱线电阻式传感器，纱线表面的聚吡咯涂层在张力作用下裂纹减少，在监测人体运动时更为灵敏。纪辉[29]等制备了以氨纶包芯纱为基材，采用涂覆的方式制备碳纳米管/聚吡咯氨纶包芯纱作为纱线电阻式传感器，并在5%拉伸形变下对电阻值进行测量，变化率达到325%。在20%拉伸形变下测量电阻变化率为55%，且稳定性良好。试验发现，随着拉力的增加电阻值变化率也随之增加，最终电阻变化率保持在40%，且纱线电阻式传感器的灵敏度较高。

为探索将包缠纱作为基材制备纱线电阻式传感器的可行性，及包缠纱的工艺参数对传感器的传感性能的影响，董小龙等[30]研究发现，包缠纱的灵敏度会随其表面的包覆度发生变化，且包覆度为固定值时，双层包覆纱的灵敏度比单层包缠纱灵敏度好。当拉伸循环测试包覆纱的重复稳定性能时，单层包缠纱会随着包覆度的增加有显著提高。双层包缠纱响应时间随着包覆度的增加影响效果减小。周淑雯[31]发现纱线电阻式传感器的灵敏度会根据纱线的包覆度以及拉伸程度而改变，增大到一定数值时传感器的灵敏度最好，继续增大包覆度灵敏度也会下降至固定值。包覆度在10~40捻/cm时，单层包缠纱线的灵敏度更为优异。在进行人体关节测试时，发现纱线电阻式传感器会随着运动的快慢和程度做出响应。

6.2.3.4 导电编织纱线

使用编织纱线制备的纱线电阻式传感器在拉伸时纱线间紧密接触可增加导电网络的连接，因此应变范围较大。纱线上包覆的导电层和纱线间的摩擦是影响传感器传感性能的主要因素。通过改变编织角度可以使纱线间接触产生的电阻发生变化，从而改变传感性能。权颖楠等[32]将聚吡咯沉积在涤纶/氨纶皮芯结构编织纱线上。在50%应变下，8根编织绳的灵敏度最大，但有效应变电阻的拉伸范围仅有16%，且滞后性达到18%。4根编织绳的滞后性仅有8%，但经过100次重复拉伸后外包纱出现漂移，重复性较差。最终选用6根纱线编织时各项性能达到平衡。不同编织根数对电学滞后性能影响率为2.46%。改变编织角度，电学滞后性能影响率为0.00018%，证明编织根数比编织角度对传感器的传感性能影响更大。为进一步研究编织角度对传感性能的影响，王秋妍等[33]将碳纳米管/壳聚糖/氨纶纱线通过改变编织角度制备应变传感器。在同一应变条件下，灵敏度会随着编织角度的增大而减小，编织角为10°时，导电纱线灵敏度为181.1；编织角为30°时，导电纱线灵敏度降到79.7，如图6-15所示，在应变为50%的条件下，电阻值下降了37%。但增大应变其电阻值下降达到 48%，稳定性能较差。编织角度为 20° 时，电学滞后性能达到最小值 0.2%，且工作范围高达 150%。经过 16 次洗涤后工作范围为 130%，耐久性良好。

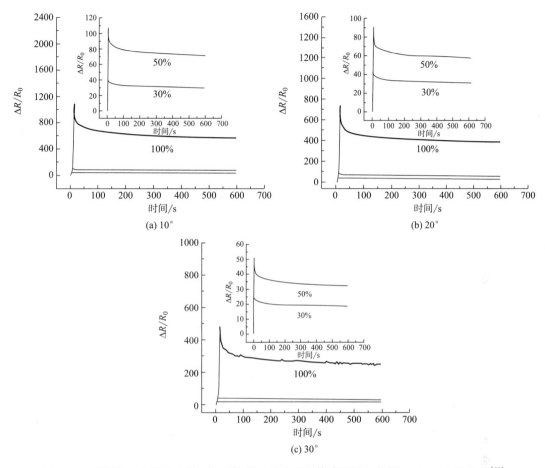

图 6-15　不同编织角碳纳米管/壳聚糖/氨纶纱线应变传感器蠕变条件下的相对电阻变化[33]

6.2.3.5　小结

　　综上所述，采用短纤维纱线、包芯纱、弹性长丝及编织纱线作为基材的导电纱线均具备导电性能及传感性能。短纤维纱线包括棉、羊毛等，具有各种捻度，由于纤维的长度较短，被捻合后的形态为有纤维端伸出的纱条，纤维直径较细。缺点是强度较低，纤维弹性较差。长丝和短纤维纱相比具有更好的强度，纤维表面光滑，且拉伸性和回弹性较好。由于短纤维和长丝结构不同，形成通路的方式有所差异。短纤维纱线形成通路的方式完全来自纤维间的接触。而长丝形成通路的方式一部分与短线维纱线相同，来自长丝间的接触；另一部分是单根长丝本身形成的通路。所以短纤维纱的电阻随应变的增大而减小，当拉伸到一定长度时电阻变化趋于平缓。而长丝结构较为紧密，随应变的增大，初期电阻值减小，后期增大。包芯纱的结构是将短纤维完全包覆在长丝上，包缠纱的结构是在长丝或短纤维外缠绕多股或单股长丝，均可以同时具备两种纱线的拉伸性能。所以选用不同长丝和短纤维纱线进行制备时都会使包芯纱的性能产生差异。编织纱线主要由多根长丝编织而成，纱线间的接触是影响传感器传感性能的主要因素，不同的编织角度会使长丝间产生不同的接触方式，电阻变化更为复杂。

6.2.4 导电织物的制备

6.2.4.1 纺织法

将导电纱线与织造工艺结合，通过针织、机织、缝合、刺绣等方法将导电纱线引入织物中形成导电线路。针织法是将普通纱线弯曲成线圈，再将导电纱线织入其中，相互串套形成织物法。机织法是指将导电经纱和导电纬纱在织机上按照一定规律交织成织物的方法。缝合法是指通过手工或者机器将导电纱线缝制在织物上，图案可以任意设计。刺绣法是用针将导电纱线在基布上进行有规律的穿刺[34]。

6.2.4.2 涂覆法

涂覆法是将高分子导电聚合物、金属颗粒等导电粒子凝结沉积在织物表面，形成导电涂层织物，具体制备方法有印刷法、沉积法和黏合法等。涂覆法具有灵敏度高、线性度好、范围广等特点，但由于是涂层，导电浆料与基底织物的附着力不够，容易造成耐洗性差、重复率低等缺陷。印刷法是指将导电浆料印刷凝结在纤维基板上，使之形成固定图案的导电线路或电极，其成本低，应用广泛。沉积法是指在介质溶剂中利用原子聚合法、电镀法等化学反应，将金属粒子或其他聚合物沉积在织物表面，形成紧密的导电薄膜。黏合法是将各种电极材料通过铜胶等黏合而成。另外，还有一种复合法，通常是由几层材料贴合而成的方法[34]。

6.2.5 总结

导电碳类、导电高分子类和金属粒子等导电材料与纤维、纱线和织物结合，形成导电纺织品，制备导电纤维可采用熔融纺丝、湿法纺丝、静电纺丝及涂层法工艺。导电纱线中由于短纤维和长丝结构不同，形成通路的方式有所差异。短纤维纱线形成通路的方式完全来自纤维间的接触。而长丝形成通路的方式一部分与短纤维纱线相同，另一部分是单根长丝本身形成的通路。选用不同长丝和短纤维纱线进行制备时会使包芯纱的性能产生差异。编织纱线由于编织工艺不同会产生不同的接触方式，电阻变化更为复杂。导电织物由于更复杂的织物结构其导电性能、传感性能等更为复杂，下面将重点介绍导电纱线和织物的应用。

6.3 电加热服装及柔性可变电阻器

6.3.1 电加热服装

电加热服装是指利用由导电材料制作而成的加热元件将电能转换成热能的一类服装的总称。电加热服装主要由电源、电热元件、温度控制电路、保护电路等构成，电热元件布置在人体易受寒的各个部位。目前应用比较普遍的是通过电热金属丝发热对服装进行加热，此外，还有使用石墨、导电橡胶、碳聚合物等做成的加热布作为电热元件。现在各种电热织物的不断出现，促进了电加热服装的发展[35]。

目前，部分加热元件为了方便加热和减少热量损失，在服装结构设计中经常采用夹层式设计。电加热服装在某些情况下还会被赋予一定的功能。有学者研究了在游泳热身时的30min恢复期间使用电加热服装对后续游泳性能和上身力量输出的影响，发现在完成热身和通过使用电加热服装对上身进行外部加热后，增强了俯卧撑动力输出和力的产生，以及游泳冲刺能力。这为通过利用外部加热系统提高运动性能增加了机会，但之后需要优化用于特定运动的加热系统。

在导电材料涂覆电热织物方面，哈堪森（Hakansson）等[36]制备的聚吡咯涂层织物中最有效的发热功率密度为430W/m²。伊兰彻齐恩（Ilanchezhiyan）等[37]通过简单的浸涂法将单壁碳纳米管涂覆在棉织物上，如图6-16所示，对施加电压、加热速率和输入功率等方面进行了研究，结果表明，在加热周期内可以实现 25~60℃ 的稳定温度输出。哈姆达尼（Hamdani）等[38]通过浸渍聚吡咯溶液制备了尼龙针织物，研究了聚吡咯导电织物的面积和加热水平的关系，尺寸为 5cm×1cm 的导电织物表面温度可以达到 114℃，持续发热3min。张阿真等[39]制备了聚吡咯涂层加热织物，图6-17为聚吡咯和铜丝复合导电加热织物。但纯聚吡咯涂层织物的导电性能不稳定，热稳定性差，且电阻较大，为改善其性能，添加了对苯二胺（PDA）涂层以改善聚吡咯涂层的均匀性，并增加铜丝来降低电阻，其温度稳定性得以提高。

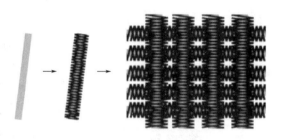

图 6-16　碳纳米管涂层棉织物[37]

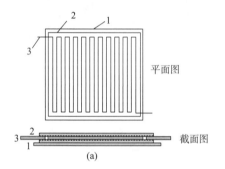

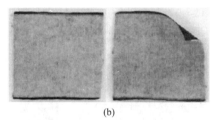

图 6-17　聚吡咯和铜丝复合导电加热织物[39]

利用镀银纱线和普通纱线编织制作了不同结构的电加热手套，如图6-18所示。在不同的施加电压下，加热部位随着电压的升高，其表面最高平衡温度也升高；在施加电压一定的情况下，加热部位的温度也会随着加热时间的增加而不断升高，随着电热时间的增加，温升速率先快后趋于平缓，织物表面温度不断升高至最高平衡温度，当电源装置关闭后，织物表面温度迅速下降。最佳电路形式为"凸"字形电路的电加热手套，当施加电压为6V时，其织物表面最高平衡温度达到41.84℃，可以满足加热需求[39]。

卢俊宇等[35]也利用镀银纱线编织了电加热针织物，如图6-19所示，设计了纬平针组织、罗纹组织及芝麻点提花组织三种织物。结果表明，电阻受温度影响较小，电阻稳定性好，能承受的最大负载功率为 1.05W；罗纹组织结构织物的平衡温度最高，而且电加热针织物具有良好的电热温升性能，消耗功率与平衡温度呈高度线性相关，负载电压为4V时，平衡温度为52.85℃，可满足电热元件的温度需求。

谢娟等[40]以聚氨酯—壳聚糖溶液为柔性材料的原液，以羧基化碳纳米管溶液为掺杂剂

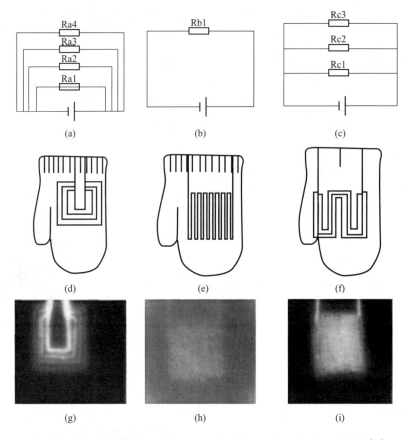

图 6-18　电加热针织物电路及导电纱线排列方式和红外图像对比图[39]

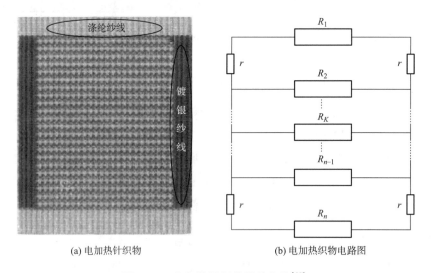

(a) 电加热针织物　　　　　　　(b) 电加热织物电路图

图 6-19　电加热针织物及其电路[35]

添加至聚氨酯—壳聚糖溶液中，将聚氨酯—壳聚糖溶液涂覆在涤纶织物上形成涂层复合织物，利用原位聚合的方法在涂层织物上聚合吡咯，得到三维结构的碳纳米管/聚氨酯/聚吡咯导电织物，所得材料具有良好的导电性能，其电阻达到 11.3Ω/sq，在施加 6V 电压 30s 后温度稳定在 101.6℃，电加热效果良好。

6.3.2　柔性可变电阻器

目前普通可变电阻器是硬性的，有研究采用柔性的导电纺织品尝试制作可变电阻器。杨楠[41]将聚吡咯沉积在普通织物上制得导电织物，然后用水刺喷头分别在织物不同方向上不均匀地去除聚吡咯，使织物在指定的方向上表现出电阻各向异性，呈现可变电阻器的特性。并选用密度变化和结构变化的织物做基布，用优化的试验工艺参数组合制备聚吡咯导电织物。

图 6-20 为柔性织物可变电阻器，采用经密变化的平纹织物、线圈长度变化的纬平针织物、透孔与平纹组织复合的织物及孔隙大小不同的织物作为柔性可变电阻器。试验结果表明，线圈长度变化的纬平针织物、透孔与平纹相间排列的织物以及穿孔的平纹织物为基布制得的聚吡咯导电织物其电阻随织物内在结构变化呈梯度变化，但经密变化的平纹织物制成导电织物后其电阻值不随经密的变化呈梯度变化。通过分析织物的内在结构对导电性能的影响可知，在织物紧度临界范围内织物电阻或随密度的增大而减小，或随孔洞数量或孔洞半径的增大而增大。

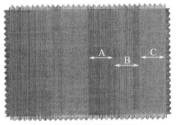

(a) 经密变化的平纹织物

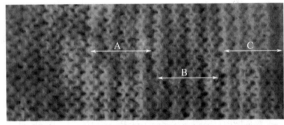

(b) 线圈长度变化的纬平针织物

(c) 透孔与平纹组织复合的织物

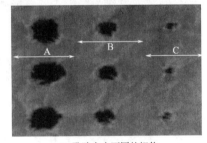

(d) 孔隙大小不同的织物

图 6-20　柔性织物可变电阻器[41]

6.4　纺织基传感器

传感器是将外界环境中的化学、物理或生物等刺激信号按一定规律转化为可收集的电信号的一类重要电子元件[1]。而以织物为柔性基底，将导电材料与基底结合或直接用导电纱线织造的导电织物即为织物传感器。柔性传感器通常通过几个关键参数进行评估，包括线性度、稳定性、检测限、响应时间、灵敏度和重复性。传感器的信号输出是一条特性曲线。线性度是一个参数，通常表示特性曲线与拟合直线之间的最大偏差百分比。线性度的数值越小意味着传感器特性曲线的线性度越高。线性度对传感器的感应范围有一定的影响。更大的线性感应范围使传感器获得更准确和可靠的值。因此，有必要尽可能选择线性感应范围大的传感器。稳定性是指传感器在使用一段时间后保持原有性能的能力，也是决定传感器生命周期的重要因素之一。检测限定义为传感器输出信号中可检测到的最小压力，也是声波、脉冲等超低压采集中极为重要的参数。检测限的值越小表明传感器感知小压力的能力越高。响应时间是指从传感器上施加压力到给出输出信号的时间间隔，这在动态压力监测中非常有用。响应时间反映了传感器对任何外加压力的响应速度，决定了传感器获取压力信号的实时性。灵敏度是输出量的增量和引起该增量的相应输入量增量的比值，而重复性则代表的是在输入量按照同一方向作全量程的连续多次变化时，得到的特性曲线不一致的程度。

目前多数研究集中在如何通过导电材料的性能、尺寸和配比等的优化及其与织物的复合工艺来提高织物传感器的灵敏度及稳定性。例如，通过不同的聚合方法优化聚吡咯在织物表面的形貌、尺寸来提高传感器的灵敏度和稳定性。但基体材料的表面形态、物理及化学性能、力学性能等对织物传感器的电学及传感性能也有着重要影响。因此这部分总结了导电织物基体材料的类别及其相互之间的区别。

如图 6-21 所示，从作用原理上压力传感器可分为电阻式、电容式及压电式三种。如压电式织物传感器利用压电效应将压电材料所受外力转换为电信号并输出。材料受到外力作用发生形变时，材料内部正负电荷分离，材料两相对表面上出现正负相反的电荷，在内部形成电势差。电势差的大小与材料形变的大小正相关，可通过测量材料两侧电势差的大小来推算出材料受到外力的大小[42]。压电式织物传感器具有灵敏度高、电信号稳定等特点，适合对振动信号的获取，作为触觉传感器能够很好地用于电子皮肤上。

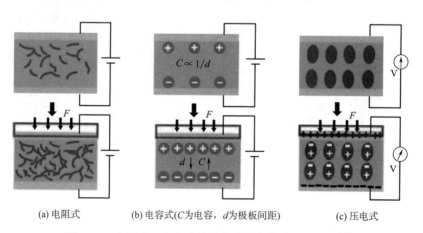

(a) 电阻式　　　(b) 电容式(C为电容，d为极板间距)　　　(c) 压电式

图 6-21　电阻式、电容式及压电式压力传感器示意图[43]

还可利用电感变化形成电感式传感器，又称电式位移传感器。该传感器是利用电磁感应，将压力或人体动作转换成线圈的自感系数和互感系数变化的传感器，具有分辨率高、线性度好、测量范围宽的特点。而光纤传感器是利用光纤的敏感特性对外界物理量进行监测的传感器，有宏弯光纤传感器、微弯光纤传感器、光纤布拉格光栅等。

6.4.1　电阻式纺织基传感器

电阻式纺织基传感器不需要进行额外的组装，可以直接应用，制作工艺简单，且测试方法简单方便，信号读取简便。下面重点介绍纺织基电阻式应变传感器的基体材料、制备方法、性能及应用。

6.4.1.1　纱线传感器

纱线传感器的工作原理是在纤维上施加一个拉力或压力后，纤维形态发生改变，导致纤维表面的导电物质发生变化或纱线结构发生变化，从而引起电阻的变化。有学者研究发现，短纤维的电阻随应力增大而减小，应力增大到一定值时电阻变化趋于平缓。而长丝结构较为紧密，电阻在拉伸初期随应变增大先减小后增大。包芯纱是由两种及以上纱线复合而成，所以每一种纱线在拉伸时的电阻变化都会影响包芯纱电阻与应变的关系曲线。编织纱线是将多根长丝进行编织形成的纱线，影响其传感原理的因素也是长丝自身电阻以及长丝与长丝之间的接触电阻变化，因此编织角度对传感性能有影响。王秋妍[33] 制备了碳纳米管/壳聚糖/氨纶导电纱线，对其施加一个拉力后发现，纱线传感器形成的导电网络更加紧密。且随着拉力的施加，纱线传感器表面的导电层出现裂纹，此时电阻发生剧烈变化，相对电阻高达 6700 左右。如图 6-22 所示，当增大编织角度后，纱线表面的导电层裂纹在不断变窄，电阻变化较小，相对电阻高达 2700 左右，纱线电阻式传感器的灵敏度更高。图 6-23 为不同编织角度的导电纱线拉伸时相对电阻的变化。

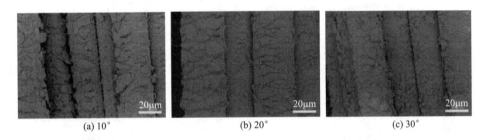

(a) 10°　　　　　　　(b) 20°　　　　　　　(c) 30°

图 6-22　不同编织角度的导电纱线在 100% 拉伸应变下的 SEM 照片[33]

目前纱线电阻式传感器在性能方面存在一些问题，如耐久性能、耐水洗性能、耐磨损性能。李倩文等[44] 针对汗液与光照对纱线电阻式传感器耐久性能方面做了详细研究。试验结果如图 6-24 所示，腈纶基石墨烯导电纱线（3#）与镀银锦纶导电纱线（1#为 43.25dtex，2#为 77dtex）在汗液浸渍 10h 后纤维的断裂伸长率无明显变化，证明汗液对于镀银锦纶导电纱线和腈纶基石墨烯导电纱线的力学性能影响不大。但对于镀银锦纶导电纱线而言，导电层的均匀性对电阻值影响较大，结果如图 6-25 所示。可以在制备导电纱线时提高导电层的均匀度，从而改变其耐久性能，进一步优化可穿戴织物的灵敏度。纱线电阻值传感器的电力学滞后性能也是目前需要解决的问题。李婷等[45] 对以纤维集合体基材的纱线电阻式传感器的滞后问题进行了研究，发现产生滞后的原因和纱线的黏弹性能有很大关系，从而使传感器的应变感应产生误差，测试结果见表 6-3。如图 6-26 所示，将氨纶复丝代替包芯纱后，纱线电阻式传感器的滞后性能明显得到改善，最低达到了 14.23%。

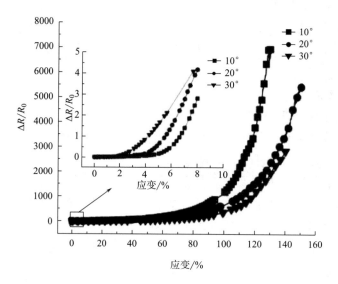

图 6-23　编织角度为 10°、20°、30° 的导电纱线拉伸时相对电阻变化[33]

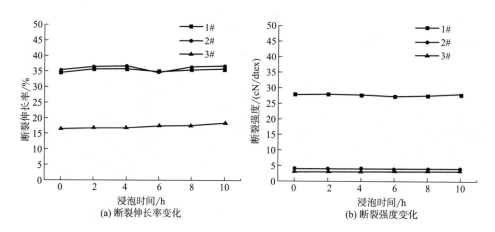

(a) 断裂伸长率变化

(b) 断裂强度变化

图 6-24　导电纱线机械强力与汗渍处理时间的关系[44]

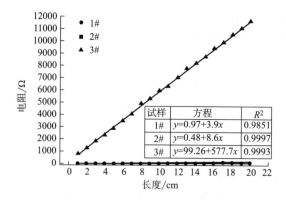

试样	方程	R^2
1#	$y=0.97+3.9x$	0.9851
2#	$y=0.48+8.6x$	0.9997
3#	$y=99.26+577.7x$	0.9993

图 6-25　导电纱线初始电阻值[44]

表 6-3　导电纱线滞后率[45]

应变/%	电学滞后率/%	力学滞后率/%
10	26±11.13	8.5±2.74
15	18.48±6.2	—
20	14.34±7.94	10.71±1.04
40	18.5±6.06	—
60	25.81±5.6	11.73±0.95

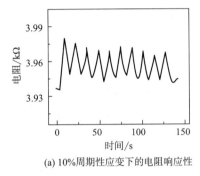

(a) 10%周期性应变下的电阻响应性

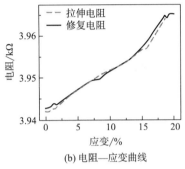

(b) 电阻—应变曲线

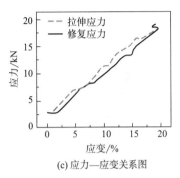

(c) 应力—应变关系图

图 6-26　传感器在测试伸长率为 20%时的电力学性能[45]

陈钦等[7] 利用涂覆法制备的纱线电阻式传感器嵌入手套中进行手指弯曲测试，传感器随手指的弯曲发出响应信号，稳定性良好。如图 6-27 所示，将导电纱线固定在后颈处，可以准确监测人体摆头、点头等动作，重复性能良好。图 6-27 中（a）为手指弯曲对应的织物传感器的响应信号；（b）为采用不同力度触摸织物传感器时的信号响应；（c）为织物传感器安装在人体的脖子上，人点头时的信号响应；（d）为脖子向左转时的信号响应；（e）为脖子向右转时的信号响应。

目前纱线电阻式传感器的应用研究有限，但就目前研究发现纱线电阻式传感器具有制备简单、性能易于调节且传感信号容易读取等优点，在人体健康监测和航天等领域将会有良好的发展前景。

6.4.1.2　针织物基传感器

针织物具有形变较大的特点，所产生的大应变能够为织物传感器提供潜在的宽应用范围。杨宁等[46] 采用丝网印刷的方法制备了石墨烯改性的 CM800 弹性针织物，并以这种织物为基底开发了一种柔性应变传感器，其应变范围在 0~70%、70%~100%时，灵敏系数分别为 28.12、56.87。孙龙飞[47] 利用一种 2×2 双罗纹针织结构，以浸渍涂层法将基材与石墨烯结合并制成传感器，这种传感器具有灵敏度高（压力为 3kPa 时灵敏度为 25.32kPa^{-1}，25%应变条件下灵敏度系数为 32.62）、应变范围较大（$\varepsilon>25\%$）等优点。王刚[48] 将镀银锦纶以添纱方式制成针织柔性传感器，在 0~30%的应变范围内最大灵敏度系数可达 5.8，而同等条件下的衬纬组织灵敏度系数最高为 2.48。

如图 6-28 所示，随着拉伸的进行，纬平针织物线圈长度变长，线圈与线圈圈套处压力增大，从而导致织物电阻的变化。针织物的电阻包括纱线电阻和接触电阻两部分，纱线电阻

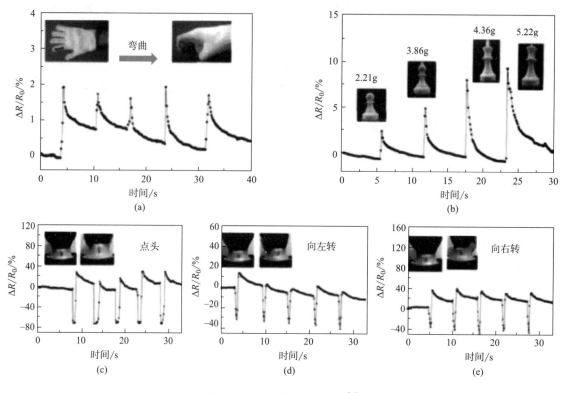

图 6-27　织物传感器的应用[7]

为导电纱线的长度电阻，接触电阻包括导电纱线内部的接触电阻、导电纱线之间的接触电阻以及不同层纱线之间的接触电阻。

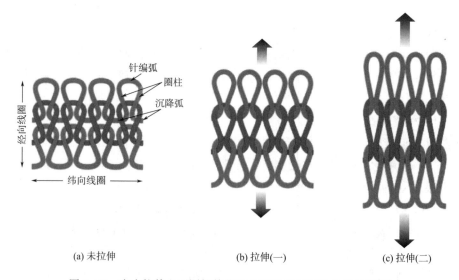

(a) 未拉伸　　　　　　(b) 拉伸(一)　　　　　　(c) 拉伸(二)

图 6-28　在未拉伸和不同拉伸状态下平针纬编织物的示意图[49]

　　为探讨氨纶纬编导电织物在纵向拉伸时的电学性能，韩晓雪[50] 采用锦纶/氨纶包芯纱和镀银导电纱线，经提花针织圆机编织了三种不同组织结构的弹性纬编导电织物，结果表明，在沿线圈纵行方向拉伸情况下，纬编导电织物呈现的电学性能与经编导电织物相似；纬平针织物的灵敏度最好，1+1 罗纹织物次之，2+1 罗纹织物最差。当针织柔性传感器的应变小于 15% 时，不同线密度的镀银锦纶丝、镀铜锦纶丝针织柔性传感器的电阻与应变均呈线性关系，其重现性良好，适宜作为纬编针织柔性传感器的导电材料。影响镀银锦纶丝传感器灵敏度系数的显著性因素依次为：镀银锦纶丝的线密度、横列数、横列数与纵行数的交互作用，在设计传感区尺寸时，横列数比纵行数更为重要[51]。

　　弹性纱线对于经编导电织物的电学性能也有很重要的影响。如图 6-29 所示，非弹性经平导电织物的电阻随应变的增加呈现先减小、然后趋于平稳、最后略有上升的趋势；弹性经平导电织物的电阻随应变的增加呈现先增加、再减少、最终趋于平稳的趋势。这是因为弹性织物同层间导电纱线的接触电阻的改变造成其电阻随应变的变化规律与非弹性织物的变化规律不同。随着弹性经平导电织物应变的增加，同层导电纱线间的接触电阻增大，上下层接触电阻减小；在织物拉伸过程中，同层导电纱线间接触电阻的变化逐渐减弱，上下层导电纱线间接触电阻的变化逐渐增强。初始拉伸时，同层导电纱线间的接触电阻占据主导地位；进一步拉伸织物，同层与上下层导电纱线间的接触电阻变化趋于平稳，最后氨纶的作用不再明显，上下层导电纱线间的接触电阻占据主导地位[52]。

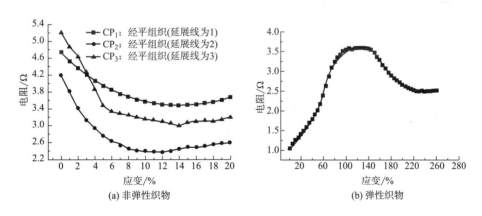

图 6-29　非弹性织物和弹性织物应变—电阻曲线[52]

　　也有研究基于针织线圈的循环结构建立电阻理论模型即电阻六角模型[53] 来分析拉伸过程中电阻的变化规律。结果表明，影响等效电阻的因素有：导电纱线的自身电阻大小、线圈纱段转移部分电阻大小以及纱线接触段电阻大小。在添纱组织中等效电阻会随着导电纱线纵行数的增加而变大，而添纱数越少，纵行数对电阻变化影响越大；添纱纵行相同时，织物等效电阻随着导电纱线横列数的增多而变小，且纵行数越小，横列数量对电阻变化的影响程度越小[54]。图 6-30 为闭口编链组织的等效电阻模型[55]，由图可以看出，单个闭口编链线圈由 5 个长度电阻 R_L 与 2 个接触电阻 R_c 串并联组成。传感器在拉伸过程中，长度电阻由

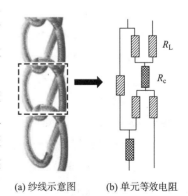

(a) 纱线示意图　(b) 单元等效电阻

图 6-30　闭口编链组织的
等效电阻模型[55]

于纤维束之间的相互挤压而减小，接触电阻由于有效接触面积的增加而减小，共同造成了拉伸作用下纱线电阻的减小。

从上述研究中可以看出，导电纱线种类、织物组织结构及结构参数等都会影响针织传感器的性能，且这些因素的变化都使织物电阻模型变化，使其传感性能参数难以形成统一的评判标准。而且针织物也存在尺寸稳定性差，且大应变下易产生急弹性及弹性回复性较差的问题。

6.4.1.3　机织物基传感器

机织物具有优良的结构稳定性，因此有很多织物传感器的研究是以机织物作为基体材料。例如，谭永松[56]利用银镜反应在石墨烯上吸附了银纳米粒子，还原后在尼龙织带的表面形成了一层均匀的还原氧化石墨烯（rGO）和AgNPs，制成传感器，在0~3%的应变中灵敏度系数为1.13，迟滞率为11.48%。张（Zhang）[57]等对平纹织物进行炭化处理制成传感器，该传感器具有宽应变范围（>140%）、高灵敏度（应变范围0~80%时灵敏度系数为25；应变范围80%~140%时灵敏度系数为64）。陆（Lu）等[58]用热膨胀法制备了石墨烯片（GnPs）并压制成导电石墨烯薄膜，将石墨烯薄膜（GF）与尼龙织物（NF）复合制成织物传感器，GF/NF传感器具有高灵敏度（应变范围在0~12%时灵敏度系数为9.78；应变范围在12%~19%时灵敏度系数为47.6）。陈乘风等[59]以涤纶机织物为柔性基体，利用发泡涂层工艺将树脂/导电炭黑与纤维复合制成传感器，其在0~35kPa压力范围内的灵敏度为0.327kPa^{-1}。

也有研究对不同织物组织结构对电阻变化的影响进行了分析。例如，张艳婷等[60]用镀银纱线织造了平纹组织、缎纹组织、蜂巢组织、刺绣织物等，并得出了蜂巢组织和刺绣织物在拉力变化条件下，电阻变化更稳定的结论。

为进一步增加机织物的应用范围，出现了机织弹性织物的传感器，主要是利用弹性纱织成弹性织物，如螺旋形高弹性涤纶包氨纶包芯纱[61]、棉绷带织物[62]、SMN包芯纱纺织品（由质量分数20%的聚氨酯纤维与质量分数80%的聚酰胺纤维组成）[63]。宋宪等[64]以平纹弹力缎为传感器织物内芯，将其浸泡在石墨烯悬浮液后还原制成传感器，这种传感器在45%应变下灵敏度系数能达到19.6，而在45%~60%应变下其灵敏度系数上升至34.3。

也有研究对比了机织物基织物传感器和针织物基织物传感器的性能。刘逸新[65]用具备浸渍热压特征的单纱浆纱工艺制备导电面纱，将其分别加工成机织物（平纹和斜纹织带）和针织物（1×1罗纹），通过对比它们的静态传感特性，发现机织物基传感器具有小应变高灵敏度的特点（灵敏度系数>10），而针织物基传感器具有大应变低灵敏度的特点（灵敏度系数<1）。

综上可看出，机织物因具有结构稳定、强度高、纱线排列密度大等特点，具有广阔的应用空间，但还需结合弹性纱线和织物结构对机织物的应用范围进行改进；并且对于机织导电织物的传感机理研究相对较少，还需进一步深入研究。

6.4.1.3.1　机织物传感器的制备

目前机织物电阻式传感器的制备方法多为导电活性材料（如聚吡咯、石墨烯等）与织物进行复合。王昱[66]在织物上进行多巴胺自聚合的基础上进行聚吡咯的原位聚合，将其与无多巴胺处理的聚吡咯导电织物进行了传感性能测试对比。结果表明，在不同浓度下，此法对织物传感性能有不同程度的提升，同时织物仍具有很好的舒适性。此外，处理后的织物还可作为柔性加热元件。制备的传感器在吡咯浓度为 0.3mol/L 时电阻率最低，达到 10.8Ω/sq，此时在 0~2kPa 压力范围内灵敏度最高可达 84.46kPa^{-1}。李泽钊等[67] 采用化学还原法将吸附到弹性尼龙基材上的 GO 还原成 rGO，制成传感器，随着尼龙织物表面吸附的 rGO 增多，织物整体电阻减小。rGO/尼龙织物传感器有良好的拉伸弹性，但在上千次拉伸后织物会因疲劳难以回复，较低的耐久度是 rGO/尼龙织物传感器难以得到应用的一个主要原因。

可以将纤维碳化使其具有导电性能[57]。织物在缺氧或贫氧的状态下，纤维中的大分子被分解，部分碳原子被重组和再结晶，形成具有一定导电性能的部分碳化结构，同时保持织物原有的宏观结构。徐乐平[68] 通过对蚕丝进行脱胶和高温碳化处理，使天然丝绸具有导电性能，得到碳化导电丝绸（CFS），并将其与聚二甲基硅氧烷（PDMS）进行复合，探讨了蚕丝不同脱胶方式、碳化程度及织物组织对碳布电阻、传感性能的影响。试验表明，通过 8mol/L 尿素 80℃ 脱胶处理 3h 的丝绸，再经 950℃ 碳化后得到的 CFS 平均电阻更低（107.4Ω），制备的 CFS/PDMS 柔性应变传感器在 0~150% 应变范围内的灵敏度能达到 160.87kPa^{-1}。通过对比由同种天然丝绸制备但织物结构和密度不同的织物传感器的性能可知，同密度条件下经纬同向加捻的顺纤绸制备的传感器性能更佳，0~100% 应变范围内灵敏度可达 184.79kPa^{-1}，而且研究表明，经纬同向加捻的织物传感器重复稳定性更好。将 CFS/PDMS 基柔性传感器应用于人体运动信号监测，能准确识别不同关节的不同弯曲程度，在可穿戴设备和机器人等高新技术中有广阔的应用前景。殷（Yin）等[62] 在乙醇火焰中对包覆 GO 的商品棉绷带进行热解，制备了基于还原型氧化石墨烯机织物（GWF）的新型应变传感器。由于 GWF 具有独特的宏观织物结构，所制备的应变传感器在灵敏度和拉伸性能之间取得了良好的平衡，保证了它能够测量多尺度运动。

两种获得导电性的方式：在表面涂层导电活性材料和碳化原材料，这两种设计方法中织物结构是固定的，一般需要调整导电活性材料的量或碳化程度来调整导电性能和传感性能，可设计范围有限。还有一种方式是利用导电纱线进行设计与织造机织物，这样可以利用织物组织结构设计获得更优化的导电和传感功能。刘逸新等[65] 通过将导电纱线编织到三维机织物上，研制出了一种新型柔性应变传感器。结果表明，在纤维被拉伸之前，织物传感器性能变化主要贡献来自织物结构的变化。并由此推出，要想提高织物应变传感器的灵敏度和线性程度，应对织物结构参数进行调整。

因此，要想获得更优性能的织物传感器，需要从织物结构出发进行设计，同时也需要了解织物传感器的导电和传感机理。

6.4.1.3.2　机织物传感器的机理研究

机织物电阻包括经纬纱交织的接触电阻、相邻纱线间的接触电阻、纱线内纤维与纤维间的接触电阻以及导电材料本征电阻，这些电阻对于传感性能而言哪个起主导作用目前尚无定论。有些研究认为，纱线本身电阻的变化是机织物电阻变化的关键因素；也有研究表明，关键因素是纱线间接触电阻的变化。有研究者认为经纬纱线的交织接触电阻决定了聚吡咯导电机织物的电阻变化趋势。所以有必要针对不同的弹性纱线结构和不同的织物结构进行讨论分析，得到普适性较强的导电弹性机织物的传感性能与结构参数的试验和理论模型。

（1）接触电阻理论模型。接触电阻理论模型主要讨论的是外力导致的形变下导电体间接触电阻的变化。导电单元的不连续性产生了一个附加的电阻——接触电阻，即各导电单元间接触位置的电阻，其大小主要由接触表面的状态和所施加的力两个要素决定[49]。接触电阻的计算方法见公式（6-1）。

$$R_c = \frac{\rho}{2} \sqrt{\frac{\pi H}{np}} \tag{6-1}$$

式中：R_c 为接触电阻；ρ 为接触材料电导率；n 为接触点数；P 为接触正压力；H 为接触材料硬度。

绝大多数织物都是由成股的横向纤维与纵向纤维组成，因此，二者之间必然存在接触点位。如图 6-31 所示，施加压力时横向、纵向纤维之间正压力增大，接触电阻减小，导致织物传感器整体电阻减小。

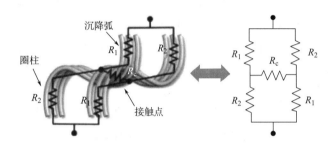

图 6-31　接触电阻理论模型及等效电路[49]

（2）压缩弹簧理论模型。该模型也是借助接触电阻变化的理论模型[69]。如图 6-32 所示，图中（a）表示拉伸导致纤维角度增大，纤维间存在接触电阻；（b）表示更大的倾斜角导致内外层纤维接触面积减小从而导致接触电阻增大；（c）表示弹簧压缩理论模型等效电路。这里的设计是以弹力线常用的包芯结构为基础。外力作用下，内外层纤维的接触角发生改变，接触面积降低，导致接触电阻增大，从而使传感器整体电阻增大。

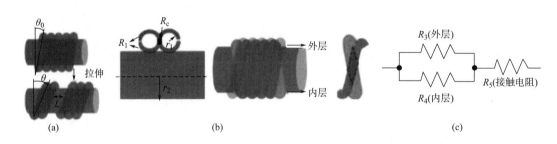

图 6-32　弹簧压缩理论模型[69]

尽管两种理论模型都基于接触电阻的变化实现应变敏感特性，但由于织物结构的不同，应变所导致的接触电阻的变化方向是相反的。因此两种结构的织物传感器对相同应变表现出相反的响应。

（3）导电通道理论模型。这种理论模型是通过沉积在织物表面导电层形成的导电通道的改变实现其应变敏感特性。可将纤维表面连续的敏感材料看作一张弯曲的导电薄膜包裹在纤维外，纤维受力形变时薄膜完整性遭到破坏，导电通道之间发生断裂重组，导致整根纤维电阻变化。如图6-33所示，炭黑粒子构成的导电通道在拉伸后断裂，进而使整个织物实现应变敏感[70,71]。

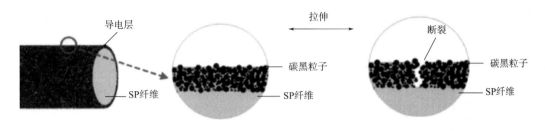

图 6-33　导电通道模型示意图[71]

基于此类模型设计的织物传感器一般可分为以下几个结构。

①传统平面织物型。此类织物传感器主要依靠织物中股线与股线之间交叉结构，拉伸导致股线间正压改变；

②弹力线包芯结构型。必须具有内外纤维，依靠压缩弹簧模型实现，拉伸导致内外纤维错位进而引发内外纤维接触电阻变化；

③可拉伸织物纤维型。其中的每一根纤维都相当于一个一维的传感器，纤维自身具有传感性能，相当于将平面薄膜型柔性应变传感器通过卷曲实现应变型织物纤维传感器。

上述理论模型在实际的应用过程中，仍然存在一些困难，如接触电阻理论中接触压力、接触点数等都不好测量与计算，有必要建立织物结构参数与接触电阻的理论模型，如经纬密度、纱线线密度、组织浮长线、交织角度等，可更直观地指导织物传感器的开发及性能的优化。

6.4.1.3.3　总结与展望

目前大多数机织物电阻传感器的制备方式是将导电活性材料如聚吡咯、石墨烯等与织物进行复合；另一种是将纤维碳化使其具有导电性能。但通过这两种方式制备的传感器其织物结构一般是固定的，需要调整导电活性材料的量、种类或碳化纤维的碳化程度来调整导电性能和传感性能，但是设计范围有限。而利用导电纱线直接设计机织物传感器则可以通过设计织物结构获得更佳的导电和传感性能，通过织物结构不同引起灵敏度、传感范围的变化。为了增大机织物传感器的应用范围，还可通过添加弹性纱线的形式来实现。这种方式织造的传感器可以调整的变量较多，例如纱线的种类、线密度、经纬密度、织物组织等。

因此，有必要优化织物传感器的结构设计，获得织物结构参数与传感器性能的最佳关系，如不同织物组织结构、纱线种类、织物密度对织物传感器电阻变化的影响，最终明确电力耦合机制。首先要明确纱线间接触电阻的影响因素，包括经纱与纬纱在不同交织角度下接触电阻的变化，以及同一系统的纱线在不同距离、不同压力下对纱线导电性能的影响；然后寻找对织物传感器电阻变化贡献最大的变量（经纱和纬纱交织的接触电阻；纱线本身的电阻；相邻纱线的接触电阻），也就是明确机织物的传感机理。依据传感机理设计最优化的织物传感器，并将其应用在人体运动监测中。

6.4.1.4 非织造布基传感器

非织造布是由定向或随机排列的纤维,通过摩擦、抱合、黏合,或者这些方法的组合而相互结合制成的片状物、纤网或絮垫,具有工艺流程短、生产速度快、产量高、成本低、用途广、原料来源多等特点,因此也是织物传感器重要的基体材料之一。陆銮[72] 以聚对苯二甲酸丁二醇酯熔喷非织造材料(PBT MB)为基底负载 rGO,其灵敏度系数最高达 14.5,且响应时间和恢复时间(分别为 0.436s 和 0.428s)较快。

齐琨[73] 制备了一种基于弹性多孔复合纳米纤维支架和连续高效自组装的聚(3,4-乙烯二氧噻吩)(PEDOT)导电网络传感器,在宽拉伸范围内有高灵敏度(应变范围 0.5%~550% 时灵敏度系数为 10.1~193.2)。卢韵静[74] 以三维非织造布(PNWF)为柔性基材,用浸渍—涂覆的方法将氧化石墨烯(GO)接枝在基材表面,随后将 GO 热还原为能够导电的 rGO,在表面再用聚二甲基硅氧烷(PDMS)塑封以增强弹性,得到了灵敏度极高的 rGO-PDMS-PNWF 传感器,在所有报道的传感器中灵敏度最高(0~16kPa 压力范围内,灵敏度为 35.37kPa^{-1};16~40kPa 压力范围内,灵敏度为 0.57kPa^{-1})[75-78]。不同石墨烯压力传感器比较见表 6-4。三维石墨烯电阻式压力传感器制备流程如图 6-34 所示。

表 6-4　不同石墨烯压力传感器比较

序号	活性材料	基材	灵敏度/kPa^{-1}	引用
1	rGO	纤维素纸张(2D)	17.2	[75]
2	rGO	PU 泡沫(3D)	0.26	[76]
3	rGO	多层丝针织物(3D)	0.4	[77]
4	rGO/PDMS	聚酯非织造布	35.37	[78]

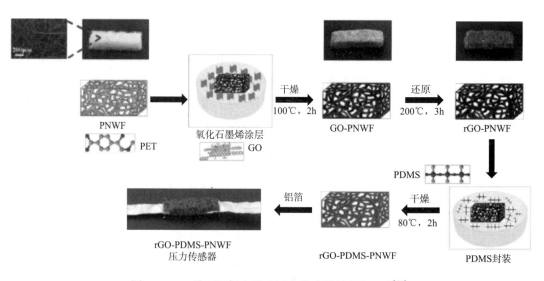

图 6-34　三维石墨烯电阻式压力传感器制备流程图[74]

综上可以看出,非织造布由于其独特的结构,具有各向同性,但要获得更广的应用范围,还需要利用弹性纤维或者与其他弹性材料复合,如 PDMS。因此在应用范围上会有所限制。

6.4.1.5 不同基体材料对导电性能及传感性能的影响

上文提到的石墨烯复合的三种基体材料的灵敏度与对应的应变范围见表6-5。从表中可以看出，针织物的应变范围最大，机织物次之，非织造布最小，因此对织物传感器而言，基体材料对传感器的导电性能及传感性能的影响是决定性的。由于针织物具有拉伸性能良好的线圈结构，能够承受的形变量也更大，相对地在小形变量下的灵敏度就更低；而机织物虽然拉伸性能弱于针织物，但在相同拉伸应变时的电阻变化更大，灵敏度更高一些（45%~60%）。

表6-5 三种基体材料的灵敏度与对应的应变范围

织物种类	基体材料	灵敏度系数	应变范围/%
针织物	石墨烯涂层 CM800 针织物	28.12	0~70
		56.87	70~100
机织物	石墨烯涂层平纹弹力缎	19.6	45
		34.3	45~60
非织造布	石墨烯涂层 PBT MB	14.5	40

由于机织物在尺寸稳定性、强度、应用范围等方面的优势，下面以机织物电阻式传感器为主展开探讨。

6.4.2 压阻式纺织基传感器

如图6-35所示，根据传感范围可分为四种柔性压力传感器，可以测量超低压（<1Pa）、微压（1~1000Pa）、低压（1~10kPa）、中压（10~100kPa）和高压（>100kPa）。常见的人体动作如轻触、拿物等主要在低压（1~10kPa）和中等（10~100kPa）压力范围[79]。人体声音和呼吸的压力属于超低压（<1Pa），使用传统的压力传感器很难检测到。因此，检测限低的超灵敏压力传感器对于开发助听器、麦克风等产品具有深远的意义。此外，能够检测轻微的压力变化（1~1000Pa）的传感器在高度敏感的电子皮肤中具有很大的潜在用途，表现出比人类皮肤更好的感知能力。该传感器还可用于可穿戴式触摸键盘、高灵敏度触摸屏等。

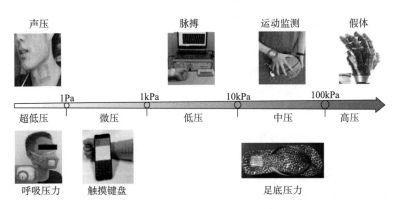

图6-35 压力传感器的分类及应用[79]

　　低压在人类生活中很常见，相当于人与人之间的轻柔触摸。对于这个压力范围，柔性传感器通常用于检测一些场景，如血压、眼压、脉搏和膀胱压力。因此，此类传感器可广泛用于医疗监测。中压（10~100kPa），类似于用手操作物体的压力，一些传感器可用于监测压力或运动。高压范围（>100kPa）的压力传感器通常用于一些特殊场景，例如工业机器人、结肠镜、假体等。对于此类场景，传感器的作用主要是感知临界压力，避免碰撞或接触造成的损坏，尤其是在机器人应用中，可以避免与物体碰撞，更好地感知周围环境[79]。

　　压阻式织物传感器是通过导电织物受力产生挤压形变而实现，测试导电织物的电阻变化来反馈作用压力的大小。压阻式传感器（piezoresistive transducer）的压力—电阻变化机制如图6-36所示，压力下的电阻变化也包括材料电阻变化和接触电阻变化两部分，材料自身的电阻随压力（或力）变化会产生变化，接触电阻变化来源于相邻导电纤维间或导电纱线间相互接触时产生的附加电阻，当传感器结构材料受到外力作用时，接触面积发生变化从而改变系统电阻。

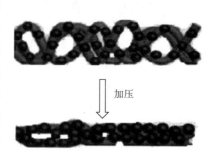

图6-36　压阻式传感器的
压力—电阻变化机制

6.4.3　压电式纺织基传感器

　　压电材料即具有压电效应的一类功能材料。压电效应是指材料在压力作用下产生电信号的效应，聚偏氟乙烯（PVDF）为典型的高分子压电材料，其结构由微晶区分散于非晶区构成。非晶区的玻璃化温度决定聚合物的力学性能，而微晶区的熔融温度决定了材料的使用上限温度。在一定温度和外电场作用下，晶体内部的偶极矩旋转定向，形成垂直于薄膜平面的碳—氟偶极矩固定结构，这种情况属于极化使材料具有压电特性。

　　如图6-37所示，将PVDF薄膜与镀银织物叠层，然后用PDMS封装，可在压力下形成稳定的电压。采用新型静电纺丝技术将PVDF纳米纤维紧密地包裹在镀银尼龙纱电极上，制备成柔韧的PVDF包芯纱，在1MPa的压力下可以产生150~300mV的压电电位，将上述压电纱线编织成平纹织物，织物能较为灵敏地感应到50mg和100mg超轻物体所施加的压力。因此利用在不同压力下的电压变化可作为压电式织物传感器。

图6-37　压电式纺织基传感器[80]

6.4.4　电容式纺织基传感器

　　电容式纺织基传感器一般由中间介电层以及上下两个电极层组成，上下电极连接导线。外力作用下，介电层发生形变，介电层厚度和两电极之间距离发生改变，传感器电容发生变化，通过测量传感器电容变化实现压力传感。其电信号的测量原理根据平行板电容器的电容计算，见公式（6-2）。

$$C = \frac{\varepsilon S}{d} \tag{6-2}$$

式中：ε 为电介质的介电常数（相对介电常数）；S 为两电极层正对面积；d 为两电极层之间的距离。

电容式织物传感器灵敏度高，延迟低，但信号抗干扰能力差，信号的接收和处理较复杂。

典型的电容式压力传感器可分为两层电极之间的可变距离型或可变面积型，如图 6-38 所示，当对电容传感器施加外部负载时，可以识别出介电层的变化，即电极距离或面积的变化，从而反映负载值。因此，影响电容值的主要因素是压力诱导压缩过程中的 ε、S 和 d 参数，这也是提高灵敏度的三种有效方法。

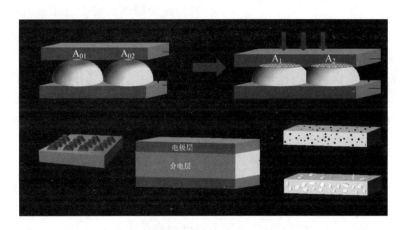

图 6-38　电容式压力传感器电极距离或面积的变化

6.4.4.1　介电层

对于柔性电容式压力传感器，介电层材料大致可分为聚合物介电层和织物介电层两种。前者类似于聚合物薄膜，如 PDMS、聚氨酯（PU）、有机硅弹性体、聚苯乙烯、PET 等，这些聚合物电介质的杨氏模量比较高。织物电介质主要有经编间隔型和编织结构型。对于这两种织物电介质，间隔织物一般较厚，变形范围较大。因此，具有间隔结构介电层的传感器的检测范围相对较高。为了提高传感器的灵敏度，通常在电介质中使用具有高介电常数的材料。构建高介电常数材料的有效途径主要有三个方面：构建电介质或电极的微结构；将导电填料添加到聚合物弹性体中以生成复合电介质；将微孔引入介电层。

在电介质或电极中构建微结构一直是提高柔性电容压力传感器灵敏度的主要研究途径之一。用于介电弹性体/电极的微结构会降低其黏弹性，从而避免传感器滞后的增加，并且由于杨氏模量降低，观察到介电弹性体/电极微结构相对更容易变形。此外，具有微结构可以使空气进入传感器，这能够提高有效介电常数以提高灵敏度。当负载施加到具有微结构的传感器上时，电容的变化率会增加，从而提高传感器的灵敏度。这里，具有微结构的传感器的有效介电常数估算见公式（6-3）：

$$\varepsilon_{\text{eff}} = \varepsilon_a V_a + \varepsilon_p V_p \tag{6-3}$$

式中：ε_{eff} 为介电层的有效介电常数；ε_a、ε_p 分别为空气和弹性介电材料的介电常数（$\varepsilon_p >$
ε_a）；V_a、V_p 分别为气隙和弹性介电材料的体积分数。空气比普通的弹性介电材料更容易压
缩，因此，当压力传感器处于负载状态时，V_a 随着 V_p 的增加而减小，可以计算出 ε_{eff} 相应
增加。

因此，构建具有空气层的微结构介电层是提高传感器灵敏度的有效途径，如图 6 - 39 所示。

为了使介电层在外力作用下具有可变形性，一些橡胶聚合物，如硅橡胶和丙烯酸橡胶、热塑性弹性体和含有水凝胶的介电层，已被应用在柔性传感器中[81]。邱（Qiu）等[82] 开发了一种弹性炭黑纳米复合介电层用于柔性电容应变传感器，以在静态压缩下实现高灵敏度。拉

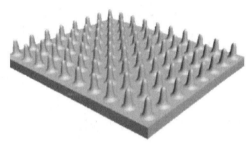

图 6-39　微结构介电层[79]

胀弹性体由热塑性聚氨酯（TPU）弹性体作为框架材料和软硅橡胶（Ecoflex™；Smooth-On Inc.）作为填充材料组成，可用作介电层。如今，大多数以导电织物为电极的电容式压力传感器采用聚二甲基硅氧烷（PDMS）作为介电材料，包括多孔结构、海绵状结构等。李（Li）等[83] 使用多孔 PDMS 作为介电层制造了压力传感器，该传感器显示出多种重要特性，包括大范围的传感压力（>200kPa），相对较好的灵敏度（0.023kPa^{-1}）。黄（Hwang）等[84]
和吉姆（Kim）等[85] 使用多孔 PDMS 复合材料作为柔性电容压力传感器的介电层，电容式压力传感器的灵敏度是使用散状 PDMS 的传感器的 22.5 倍，测量范围为 0~400kPa。可通过不同微观结构来调节 PDMS 薄膜的压力灵敏度，因此有很多研究是对 PDMS 表面进行复杂的微结构处理，其灵敏度远远超过非结构化弹性体薄膜的压力灵敏度，然而，目前这些材料都表现出一系列缺点。例如，硅橡胶具有高硬度和有限的压缩应变，并且由于黏弹性橡胶本质的存在，弹性材料中滞后和长响应/回复时间是不可否认的[86]。因此，需要通过新的介电层材料和结构设计来提高电容传感器的传感性能。

综上可以看出，目前弹性介电层的设计中很少有全纤维层的。而在纺织纤维中，其实不少纤维是具有弹性的，如羊毛、蚕丝等，并且纺织纤维可以通过纤维絮的形式实现高弹性。此外，纤维的种类不同具有不同的介电常数。因为纤维的介电性质取决于纤维的内部因素，主要包括相对分子质量、密度与极化率[87]。材料的极化与其组成纤维的分子是否有极性有关，通常纤维分子极性越大，其偶极矩越大，极化度越高，所以相应的介电常数 ε 值也就越大。纤维絮中包括纤维及空气，不同纤维填充率的纤维絮垫具有不同的介电常数，因此有必要研究不同的纤维、纤维填充率等对介电层的影响。

有研究将导电织物纤维结合多孔介电层，制备了性能稳定、电路简单的电容式柔性压力传感器[88]，由于其自身的特殊微结构可以在电极与介电层中引入空气间隙，在压力载荷下，介电层的厚度变化和有效相对介电常数的变化都会引起电容值的变化，针织物电极与硅橡胶介电层之间存在更多的空气间隙。在压力载荷作用下，气隙体积减小，介电常数整体增加，从而表现出较高的灵敏度和较好的柔性。肖渊等[89] 通过在平纹棉织物上下表面贴附叉指形

导电铜箔，PDMS 封装织物，形成织物/PDMS 复合结构介电层，制备出一种织物基电容式柔性压力传感器。织物特殊的三维微结构与 PDMS 复合，形成弹性微孔复合材料介电层，有效提高了传感器的灵敏度和压力响应范围。孙婉等[90] 采用间隔织物作为介电层制备压力电容传感器，其相对介电常数与间隔织物的间隔丝直径、间隔丝密度和间隔丝长度有显著的线性关系，在压缩过程中，间隔织物压力电容传感器的相对介电常数是变化的。采用纬编织物做电极的间隔织物压力电容传感器的灵敏度最高。相同电极下，介电层不同的传感器灵敏度不同，介电层面积越小，传感器灵敏度越大。

因此，本节采用一种简单的方法设计和制造全纤维电容传感器。电极为导电织物，选用不同的镀银导电纱线或聚吡咯复合纱线织造而成，并设计了不同的织物组织来优化传感器的性能，研究织物电极的结构参数对电容值和传感性能的影响。羊毛、棉或腈纶等纤维用作高弹的介电层，以提高电容式织物传感器的灵敏度。在这种情况下，纤维和空气作为介电材料复合在一起。空气的存在增加了两个电极之间的间隙，并且介电层更容易变形。当施加压力时，空气间隙减小。因此，在相同的压力和相同的介电层厚度下，带有空气的介电层的传感器初始电容更小，电容变化更大，因此灵敏度更高，因为空气的介电常数更小。试验结果表明，介电层为羊毛的电容式织物传感器的变化率范围在 8%～15.4%，介电层为 PDMS 橡胶层的电容式织物传感器的变化率范围在 6.3%～10.6%[91]。

6.4.4.2　电极

随着对柔性应变传感器研究的深入，发现"三明治"结构的传感器中导电层结构及导电粒子是影响传感器诸多性能的关键因素。为了提升柔性应变传感器的性能，张明艳等[92] 采用静电纺丝技术制备聚偏氟乙烯（PVDF）静电纺丝膜后将自制银纳米线（AgNWs）抽滤在 PVDF 静电纺丝膜表面作为导电层。使用聚二甲基硅氧烷（PDMS）对导电层进行双面固化，制备了一系列导电层中 AgNWs 含量不同的新型"三明治"结构的 PVDF—AgNWs—PDMS 柔性应变传感器。在此结构中，静电纺丝膜的作用是使其中的纤维丝相互搭接形成均匀的孔隙，提高导电粒子的均匀分散性，并且纤维之间的搭接可以在一定范围内滑移，静电纺丝膜可以看作是导电粒子的"卡具"，使 AgNWs 在拉伸—放松过程中受到保护，增加 PVDF—AgNWs—PDMS 柔性应变传感器的使用寿命以及可重复性。试验结果表明，静电纺丝膜的引入明显改善了 PVDF—AgNWs—PDMS 柔性应变传感器的各项性能，减少了滞后现象，增加了传感器的灵敏度、可重复性，并大幅提升了使用寿命。

门加尔（Mengal）等[93] 制造了一种柔性导电的氨纶织物，装饰石墨烯纳米片后作为电极材料，所得到的纺织电极具有非常高的表面电导率。将不同种类的导电材料涂覆在一起可获得更好的导电性能，例如，将 MnO_2 纳米管组装在导电石墨烯/聚酯复合织物上作为三维多孔纺织电极[94]。导电织物可以通过浸涂、退火或沉积来制造，这种导电织物具有固定的结构。机织物是由经纱和纬纱交织而成，不同的交织结构或织物组织会导致不同的导电性能。例如，使用碳纤维蜂巢组织作为压力传感器，在低压范围内可获得 $0.045kPa^{-1}$ 的灵敏度[95]。然而，关于织物组织对电极性能和传感性能影响的研究很少。织物组织的结构参数对于电容式织物传感器的影响机制尚不明确。

除上述电极层及介电层构建的电容式传感器外，还可利用导电包芯纱制备织物结构的电容式传感器。如图 6-40 所示，将不锈钢长丝和铜丝作为芯丝，外包覆棉粗纱和涤纶粗纱，形成导电包芯纱，然后织造平纹织物，该织物不仅具有外层纤维的服用性能，而且可以实现电容性能。在该平纹组织中每一个交织点就是一个电容器[87]。

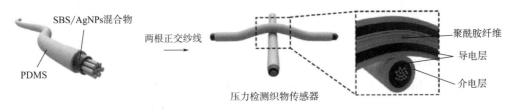

图 6-40　纱线结构的电容式压力传感器[87]

SBS—苯乙烯-丁二烯-苯乙烯热塑性弹性体　AgNPs—银纳米粒子　PDMS—聚二甲基硅氧烷

也可利用双层织物或多层织物来实现织物结构的电容式传感器。如图 6-41 所示，表层和里层的经纱和纬纱采用导电纱线，中间接结纱采用非导电纱线，就可实现平板电容器的结构。中间层也可采用非导电纱线织造的多层织物。

6.4.5　光纤式纺织基传感器

光纤式纺织基传感器是将光导纤维织入织物中形成的传感器，如图 6-42 所示，当光导纤维受力压缩变形时，可以通过监测透射光强度的变化来推断压力的大小[96]。

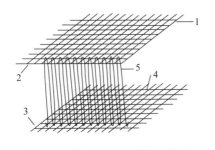

图 6-41　双层织物传感器示意图

1—表层经纱　2—里层纬纱　3—表层经纱　4—里层纬纱　5—接结纱

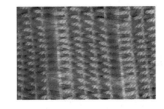

图 6-42　光纤式织物传感器[96]

王飞翔等[96] 以双梳经编织物为地组织，通过衬纬的方式加入光纤，构成光纤经编传感织物，光纤针织物的模拟图如图 6-43 所示，研究发现，织物拉伸时传感单元在长度方向和厚度方向上均产生变形。利用光纤传输理论分析光纤弯曲时产生的光信号损耗现象。光纤弯曲现象可分为宏弯损耗和微弯损耗两种，两者产生的原理不同，宏弯损耗是由于光纤的轴向产生弯曲造成的损耗，而微弯损耗是指光纤受到不均匀的应力作用时，其发生的不规则弯曲所造成的损耗。而经编传感织物在拉伸过程中，其光纤和织物产生的不同结构变化，导致织物中产生微弯损耗和宏弯损耗相复合的现象。在双经平组织、经平绒组织、经绒平组织和经绒斜组织四种地组织中，以经平绒组织为地组织进行光纤衬纬方式所得到的传感织物其传感性能相对较好[97]。这是因为后梳进行经平垫纱运动，前梳进行经绒垫纱运动。前梳横移两个针距，后梳横移一个针距，其前梳较长的延展线覆盖在织物的工艺反面，压住后梳两根延展线，其延展线方向接近水平，因此织物横向延伸性较小，纵向延伸性较大。而且织物下机时，试样的形变量相对较大，所以光纤在织物内部受到拉伸作用时，其线圈发生歪斜，厚度减小，使光纤产生形变。

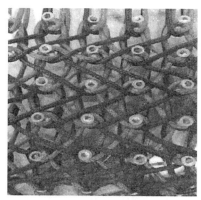 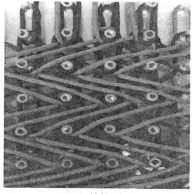

(a) 经平绒组织　　　　　　　　　　　(b) 经绒斜组织

图 6-43　光纤针织物的模拟图[97]

6.5　织物开关

织物开关的工作原理与压阻传感器类似，都是利用压力下电阻的变化来实现。当织物中的两导电材料受到压力时，它们间的接触电阻就会变得足够小以导通电路，一旦压力消除，两导电材料间的接触电阻又会变得足够大，使电路断开。织物开关的设计原理相同，却可以有不同的结构来满足不同的需求[98]。

织物开关大多采用三层（或以上）的结构，即开关的上、下两个导电织物层，中间被一个带孔的绝缘层隔开，如图 6-44 所示。常态时由于中间绝缘层的隔绝作用，上、下导电织物层保持分离，电路保持断开；施加压力时，上、下导电层通过中间绝缘层中的孔隙接触，从而导通电路。因此三层或更多层的织物要具有相当的厚度才能达到开关的要求。为了使织物开关进一步轻薄，出现了双层或单层织物开关。单层织物开关如图 6-44（b）所示，两束处于交织状态的导电纱线，在常态下接触面积较小，接触电阻较大，电路断开；施加压力时，接触面积随着压力的增加而增大，使接触电阻逐渐减小，电路导通。原理上虽然可以实现，但由于交织点处的纱线通常因交织形成一定的屈曲包围，使经纬纱线间存在较大的接触面积，因此，在未施加压力的初始状态下接触电阻也很小，施加压力后的接触电阻变化不大，降低了开关的操控性能。上述问题可通过改变开关接触区域的织物组织来改善。

如图 6-45 所示，采用平纹、2/2 经重平、3/1 右斜纹和 2/2 方平织造，发现 2/2 方平织物的输出电压及其变化量最高，开关灵敏性得到改善[98]。这是因为相对于平纹和 2/2 经重平织物，2/2 方平织物交织点处的屈曲在初始状态下较小。3/1 右斜纹织物的输出电压仅次于 2/2 方平织物，有可能是因为浮长线过长导致经纬纱线相互挤压，从而接触电阻降低。

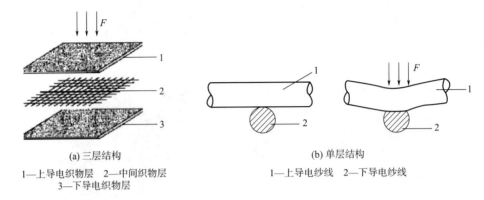

(a) 三层结构

1—上导电织物层　2—中间织物层
3—下导电织物层

(b) 单层结构

1—上导电纱线　2—下导电纱线

图 6-44　织物开关示意图[98]

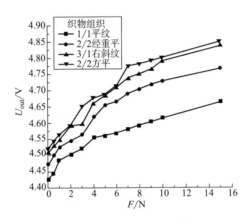

图 6-45　不同交织点的织物开关输出电压与操控压力的关系[98]

　　单层织物开关在轻薄性方面有了很大的改善，但是由于交织着的导电纱线始终处于接触状态，在开关的可靠性方面是不理想的。双层织物开关是将三层织物开关的中间织物层以浮长线的形式代替，它既可兼顾可靠性又可最大限度地实现轻薄化。如图 6-46 所示的 X 形结构三维异形截面织物开关就属于双层织物开关[99]。

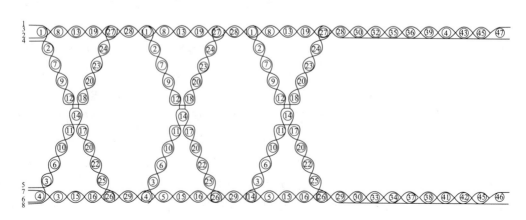

图 6-46　X 形双层织物开关

还可利用具有部分接结结构的双层织物设计开关，如图 6-47 所示，两层织物间存在长度差，上层织物层呈波纹状。两个织物层 12 的对应位置上有许多配对的导电纤维条 14 和 18。当此织物操控装置受到 A 向的拉伸或 B 向的压力时，上下对应的导电纤维条 14 和 18 接触并导电[100]。

立体三维结构也可用于织物开关的设计。张美玲等[101] 设计了两种具有三维立体结构的织物开关，一种为隧道式孔洞结构，即只在织物开关沿经向的两边有支撑部分隔离，而沿纬向是贯通的；另外一种为间隔经纱结构的织物开关，即四周都有支撑部分，如图 6-48 所示。在四周

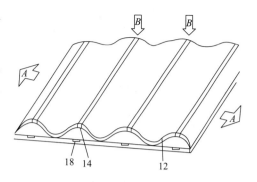

图 6-47　可拉伸的织物开关

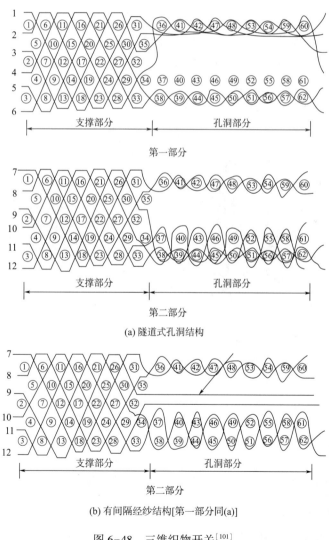

(a) 隧道式孔洞结构

(b) 有间隔经纱结构[第一部分同(a)]

图 6-48　三维织物开关[101]

支撑部分的衬垫隔离作用下，一个开关导通时，其他开关不导通，这也充分体现出织物内部结构对性能的重要影响。有间隔经纱的织物开关在开关串联稳定性方面的表现优于隧道式的孔洞结构。

6.6 织物键盘

传统的键盘材料主要是塑料，笨重且不易携带，不能随意折叠和水洗。近年来，市场出现了柔性键盘，使用树脂等柔性材料代替传统键盘的硬壳层，但是键盘内部仍然是塑料薄膜式开关结构。织物键盘示例如图 6-49 所示，和开关原理类似，织物中相应按键部位接触，则电路导通；松开按键，则电路断开通过对按键部位施加或释放压力来控制电路通断。织物键盘可采用单层、双层及三层及以上的织物结构实现。周莉等[102] 采用三维机织方法织造织物键盘，选取导通压力和寿命作为评价指标，通过单因素试验综合分析绝缘材料种类、导电组织点数、支撑部分弹性、按键点尺寸、支撑部分衬垫纱线密度这五个结构参数的变化对织物键盘的导通压力和寿命的影响。结果表明，芳纶短纤纱寿命最长但导通压力也最大。随着导电组织点数的增多，织物键盘寿命延长。支撑部分压缩模量为 $0.205 \sim 0.223 \text{N/mm}^2$，寿命较长，闭合次数和弹开次数均 35000 次左右，具有很好的应用前景。

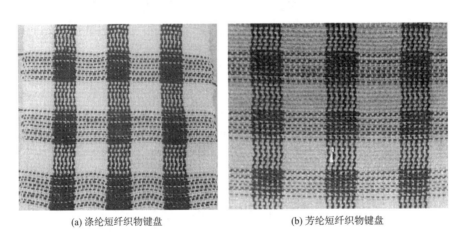

(a) 涤纶短纤织物键盘　　　　　　(b) 芳纶短纤织物键盘

图 6-49　织物键盘示意图

6.7 织物电极

6.7.1 织物心电电极

医用电极是指应用于医疗领域、连接人体和医疗设备、起信号传导作用的导电材料。根据电极和皮肤接触时是否有电解质，将表面接触式电极分为湿电极和干电极两种。湿电极的信号质量最好，可以减少电极和皮肤之间的电容，动态测试过程中，界面电容的变化是信号被干扰的主要因素。湿电极的电解质易挥发，仅适用于瞬时信号的采集。干电极不受电解质挥发的影响，可以进行信号的长期监测，但其信号的采集质量不如湿电极。因此，大量研究集中于开发具有稳定信号采集效果的干电极[103]。织物电极就属于干电极。

纺织电极通常由导电短纤维或长丝构成，也有一部分是通过导电涂层制成。根据织造原理，织物电极可分为针织电极、机织电极和非织造电极。

早在 2007 年，已有研究尝试将锦纶镀银长丝、不锈钢长丝以及铜丝织造的针织电极用于人体生物电信号的监测，均可获得较清晰的心电图波形[104]。安（An）等[105] 提出了一种由镀银长丝织造的针织电极，并将该电极用于心电及运动的监测，其指出电极材料是决定电极优劣的重要因素。安基利（Ankhili）等[106] 将不同浓度的 PEDOT：PSS 涂覆在针织棉布及莱卡织物上，所获得的电极与镀银针织物电极进行对比分析，结果表明，以上电极均可采集到人体有价值的信号。肖（Xiao）[107,108] 指出机织物电极具有相对稳定的结构，其研究中，将四种机织导电织物分为两种模式和纯/混合导电组分，以研究其在实时心电监测中的可行性。结果表明，随着机织导电纱排列密度的增加，皮肤—电极阻抗降低，蜂巢组织电极舒适度高，但心电信号质量差。阿奎拉（Arquilla）等[109] 设计了一种由不锈钢丝织成的缎纹机织物电极，并表明电极采集信号的质量取决于电极的尺寸。尤可斯（Yokus）等[110] 开发了一种以非织造布为基底的 Ag/AgCl 浆丝网印刷多层电极。其在静态下监测人体心电信号时，信号质量与一次性湿电极相似，可以用于可穿戴心电监测设备。

织物结构对纺织电极的性能有较大影响，纱线屈曲状态、织物组织、织物密度、纱线连续状态及纱线数量等都会对电极阻抗产生影响。有结果表明[111]，相同长度的纱线在织物中的屈曲状态对电极阻抗性能影响极小；织物密度对电极阻抗性能的影响较小；在纱线总长度一定的情况下，纱线的并联连接方式对降低电极阻抗是有利的，因此纬编结构形成的串联连接方式是不理想的；相比于机织平纹和针织线圈，刺绣毛圈的阻抗最小[111]。

6.7.2 超级电容器的织物电极

同织物心电电极类似，织物中纤维或纱线排列形态和孔隙结构均会影响织物电极的比容量和电容性能，同时导电实现方式不同，织物结构对超级电容器的织物电极性能影响也不同。

针对采用刮涂、喷墨印刷、丝网印刷等后整理工艺制备的织物电极，织物基材的表面或局部形态会对电极材料分布和电化学性能产生较大影响[112,113]。孔隙越大，纤维或纱线排列越杂乱，织物基材表面越粗糙，织物电极的比容量和电容性能越低。有研究表明，表面相对平整的棉机织物电极具有更低的表面电阻和更优异的电化学性能，比电容比针织物电极和非织造布电极高 1.6~4.4 倍，并且机织物电极的动力学参数如电荷转移电阻、韦伯阻抗均小于针织物电极和非织造布电极[114]。这是因为具有相对平整的纱线排列形态和适宜孔径结构的平纹织物电极具有最优的双电层电容行为和电极动力学过程。

如果采用浸渍或整体聚合等方法在织物上负载电极活性材料，则会考虑不同的因素，因为织物的密度、孔隙率、孔径、表面粗糙度等参数也会影响电极活性材料的负载量和分布，从而影响织物电极的导电性能和电化学性能。多孔结构和大比表面积可提高电极活性材料的负载量，并且织物表面丰富的官能团有利于活性物质与织物基材的结合。刘（Liu）等[115]

分析了孔径和孔隙率对聚吡咯织物电极电化学性能的影响，发现孔隙率为80%且平均孔径为45μm的针织物电极具有更高的面积比电容和优异的电化学性能[116]。

徐（Xu）等[117] 在棉织物上依次使用水热还原法和原位还原法沉积还原氧化石墨烯（rGO）和聚吡咯（PPy），制备的PPy-rGO-织物电极柔性良好、导电性优异（1.2S/cm），比电容达336F/g。胡（Hu）等[118] 将棉织物"浸渍—烘干"在CNTs悬浮液中，多次重复操作后电导率可达125S/cm。此外，电极材料展示了优异的力学性能和储能性能，由此电极组装的超级电容器比电容可达0.48F/cm^2。郭（Guo）等[119] 通过水热法制备了涤纶/石墨烯/MnO$_2$柔性织物电极，其在2mV/s的扫描速率下质量比电容可达332F/g，组装的超级电容器在不同的机械弯曲和拉伸下可调整形变和适应应力，达到较稳定的电化学循环性能。岳（Yue）等[120] 在尼龙织物上通过化学聚合法负载PPy，获得的织物电极在经过1000次拉伸回复测试之后，电化学性能和导电性能并未发生衰减，更有趣的是，在拉伸条件下比电容还会出现小幅度的增加。张（Zhang）等[121] 通过传统筛网印花的方法以银墨为集流体、以MnO$_2$包覆的中空碳微球为活性物质依次印刷到蚕丝织物上，由此直接制作的柔性超级电容器，在电流密度为1mA/cm^{2}下比电容达19.23mF/cm^2，此外，其还具有优异的力学稳定性，经过100次弯曲和扭转，性能和结构无任何损伤。此方法证明了一种可应用于制造智能纺织品和可穿戴电子器件的合理的方法。

蔡海华[122] 以蚕丝织物作为柔性基底，采用三元溶剂（氯化钙/乙醇/水）在不同温度下处理蚕丝织物，再以不同浓度的苯胺为单体，原位聚合得到聚苯胺—蚕丝织物（PANI—SF）电极。结果表明，三元溶剂前处理可增大蚕丝织物的比表面积，提高活性物质的负载量。更高的活性物质负载量和更好的形貌结构使PANI—蚕丝织物具有较高的面电容（4091.43MF/cm^2），较未经处理过的蚕丝织物的面电容（1811.43MF/cm^2）提高了125.87%，其面电容高于多数文献所报道的织物电极的面电容。而蚕丝织物表面基团与聚苯胺的强相互作用使织物电极在3000次充放电循环下仍具有99.54%的优异电容保持率。rGO—PANI—SF在三电极体系下最大面电容可达7324.29MF/cm^2，电容保持率为65.38%，rGO和PANI复合后综合性能远高于rGO织物和PANI织物电极，且高于已报道的聚苯胺—还原氧化石墨烯复合电极的面电容。这是由于复合后位于最外层的活性物质占主导作用，而聚苯胺比还原氧化石墨烯具有更高的比电容，当聚苯胺位于最外层时，聚苯胺的比电容占主导作用，同时位于里层的高导电还原氧化石墨烯褶皱也可为聚苯胺提供更快的电子转移，因此rGO—PANI—SF的面电容更高。

还可利用高温碳化的方法使织物基底本身成为导电物质。Bao等[123] 将纯棉T恤通过高温碳化的方法转变为多孔活性碳化织物（ACT），随后使用电化学沉积法，在ACT表面负载MnO$_2$，制得MnO$_2$/ACT织物基复合电极，使比电容得到很大提高（3倍）。Xue等[124] 将棉织物在1000℃高温碳化1h，制得碳化织物电极，用碳化棉织物电极作为上下层，中间夹棉织物制成"三明治"结构柔性电极，该电极柔韧性好，可任意弯曲；电化学稳定性好，经10000次充放电循环后，仍具有95%的比电容保持率。He等[125] 通过高温碳化天然亚麻织物，制得高导电性的碳化织物（CFs），随后沉积MnO$_2$，制备过程如图6-50所示，最后制得的MnO$_2$/CFs复合电极在2.0A/g电流密度下比电容高达683.73F/g。李鑫[126] 以丝织物为柔性基底，采用两种染料对丝织物进行染色，经高温碳化后达到掺杂 N、O 和 S 杂原子的目的，与未染色的碳化丝织物相比，碳化染色织物电极在电化学性能上有了明显提升，且具有质轻、可折叠的特点。N、O 原子的掺杂提供了额外的赝电容，因此电极材料具有较高的比电容和较宽的电化学操作窗口是双电层电容和赝电容协同作用的结果。

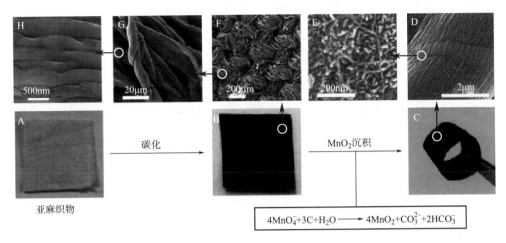

图 6-50　碳化亚麻织物的制备过程和形貌图
A—亚麻织物　B，F~H—碳化织物　C~E—数码图[125]

可通过优化织物组织结构实现织物电极在不同场合的应用。例如，要实现在大拉伸幅度（50%）下对光电器件的正常控制，可采用褶皱结构，通过在预拉伸的弹性织物表面热转印复合或原位聚合导电材料形成织物电极，最终制备出具有褶皱结构的可拉伸织物电极。易聪等[127] 利用该方法制备的电极能够满足较大应变幅度（67%）下拉伸电阻的稳定，同时具备优异的机械疲劳特性，在反复拉伸、水洗和高温高湿处理下织物电极仍然保持稳定的电学特性。

6.8　总结

随着科技的进步及人们对身体健康的持续关注，服装的基本功能（如保护人体、维持热平衡等）已经不能满足消费者的需求，还要求服装具有健康、运动监测等更多的防护功能。因此，面向人类新需求的可穿戴设备应运而生。制备柔性电子元件的一个较为有效的途径是将导电材料与纺织品有机地结合，这样不仅可保持织物的柔性和可大变形的特性，还可使织物具有导电和传感功能，可作为超级电容器或织物传感器。因此，根据国民经济、科技发展需求和高新产业发展的战略目标，将织物作为新一代信息功能材料与器件具有重要的研究价值。但目前的织物传感器、超级电容器等因其功能性、耐久性和舒适性等还不能完全同时达到要求，对其中的导电及传感等机理尚未有明确认识，因此有必要将纺织工程学、材料学、信息学、医学等学科进行交叉与融合，进而拓展出基于人体健康和运动监测需求的织物传感器新的设计理论和设计方法。因此此类研究在人体健康和运动监测方面具有广阔的应用前景。

思考题

1. 导电纱线或织物的实现途径有哪些？
2. 在拉伸过程中，影响短纤纱电阻的因素有哪些？
3. 在拉伸过程中，影响长丝纱电阻的因素有哪些？
4. 纱线传感器的传感机制是什么？如何提高纱线传感器的灵敏度？
5. 织物电阻的组成部分有哪些？
6. 在拉伸过程中机织物和针织物基传感器的电阻变化机制是什么？
7. 如何通过织物结构设计来提高机织物基电阻式应变传感器的传感性能？
8. 纱线或电容式传感器的传感原理是什么？
9. 影响电容变化的因素有哪些？
10. 如何理解介电层和电极结构对电容的影响机制？
11. 织物电极的制备方法有哪些？
12. 织物开关或键盘的设计原理和方法有哪些？

参考文献

[1] Meena J S, Choi S, Jung S B, et al. Electronic textiles: New age of wearable technology for healthcare and fitness solutions [J]. Materials Today Bio, 2023, 19: 100565.

[2] 刘凯琳. 电子智能纺织品在能源存储及转化方面的研究进展 [J]. 纺织导报, 2020 (4): 66, 68-72.

[3] 李昕. 电子智能纺织品的研究进展 [J]. 轻纺工业与技术, 2013, 42 (6): 51-53, 45.

[4] 吴玲娅, 李正清, 韩潇, 等. 石墨烯在提高聚苯胺/芳纶复合纱线导电能力中的应用 [J]. 印染, 2022, 48 (2): 45-48.

[5] 胥宇, 张宇轩, 纪晓宇, 等. 原位聚合石墨烯/聚丙烯酸柔性导电纤维的开发与应用 [J]. 纺织科学与工程学报, 2021, 38 (3): 64-67.

[6] 孙福, 钱建华, 凌荣根, 等. 炭黑复合导电聚酯纤维的研制 [J]. 纺织学报, 2010, 31 (1): 1-4.

[7] 陈钦. 碳纳米管/聚氨酯涂层导电纤维与织物的应变传感行为研究 [D]. 成都: 西南石油大学, 2019.

[8] 何青青, 徐红, 毛志平, 等. 高导电性聚吡咯涂层织物的制备 [J]. 纺织学报, 2019, 40 (10): 113-119.

[9] 赵红, 蔡再生. 化学镀镍可拉伸导电纱线的制备及性能研究 [J]. 产业用纺织品, 2020, 38 (11): 45-52.

[10] 吴荣辉, 马丽芸, 张一帆, 等. 银纳米线涂层的编链结构纱线拉伸应变传感器 [J]. 纺织学报, 2019, 40 (12): 45-49, 62.

[11] Bautista-Quijano J R, Pötschke P, Brünig H, et al. Strain sensing, electrical and mechanical properties of polycarbonate/multiwall carbon nanotube monofilament fibers fabricated by melt spinning [J]. Polymer, 2016, 82: 181-189.

［12］ 刘小波．炭黑/聚氨酯共混导电纤维的研究［D］．天津：天津工业大学，2006．

［13］ 李万超．面向织物传感器的芯鞘型导电纤维成型关键技术研究［D］．上海：东华大学，2021．

［14］ 吕尤．导电聚苯胺纤维的制备与改性［D］．哈尔滨：哈尔滨工业大学，2019．

［15］ 周明博，李朝阳，李勇，等．预制炭黑/尼龙6纤维网络在导电高分子复合材料中的逾渗行为［J］．高分子材料科学与工程，2019，35（11）：150-154，160．

［16］ Tang J，Wu Y，Ma S，et al. Flexible strain sensor based on CNT/TPU composite nanofiber yarn for smart sports bandage［J］. Composites Part B：Engineering，2022，232：109605．

［17］ Eom J，Jaisutti R，Lee H，et al. Highly sensitive textile strain sensors and wireless user-interface devices using all-polymeric conducting fibers［J］. ACS Applied Materials & Interfaces，2017，9（11）：10190-10197．

［18］ Fan Q，Zhang X，Qin Z. Preparation of polyaniline polyurethane fibers and their piezoresistive property［J］. Journal of Macromolecular Science，Part B，2012，51（4）：736-746．

［19］ Wu X，Han Y，Zhang X，et al. Highly sensitive，stretchable，and wash-durable strain sensor based on ultrathinconductive layer@polyurethane yarn for tiny motion monitoring［J］. ACS Applied Materials & Interfaces，2016，8（15）：9936-9945．

［20］ 谢娟．聚吡咯复合导电织物的制备及电热性能研究［D］．郑州：中原工学院，2020．

［21］ 曹如川，石小红，李国龙，等．预处理对聚吡咯/羊毛复合导电纱线性能的影响［J］．毛纺科技，2022，50（1）：28-34．

［22］ Najar S S，Kaynak A，Foitzik R C. Conductive wool yarns by continuous vapour phase polymerization of pyrrole［J］. Synthetic Metals，2007，157（1）：1-4．

［23］ Souri H，Bhattacharyya D. Highly stretchable and wearable strain sensors using conductive wool yarns with controllable sensitivity［J］. Sensors and Actuators A：Physical，2019，285：142-148．

［24］ 王瑾．嵌入式导电线路弹性针织物制备及性能［D］．无锡：江南大学，2023．

［25］ 张晓峰．面向人体上肢运动监测的聚吡咯涂层机织物机电性能评价［D］．上海：东华大学，2016．

［26］ 吴亚金．弹性导电CNT/WPU复合纤维的制备与应用研究［D］．哈尔滨：哈尔滨工业大学，2021．

［27］ 荣翔．柔性传感纱线的制备及其性能研究［D］．天津：天津工业大学，2021．

［28］ Li T，Wang X，Jiang S，et al. Study on electromechanical property of polypyrrole-coated strain sensors based on polyurethane and its hybrid covered yarns［J］. Sensors and Actuators A：Physical，2020，306：111958．

［29］ 纪辉．纱线应力传感器的制备与性能研究［D］．武汉：武汉纺织大学，2020．

［30］ 董小龙．包覆度对包缠纱应变传感器机电性能的影响及优化［D］．上海：东华大学，2020．

［31］ 周淑雯．包覆结构对纱线应变传感器传感性能的影响［D］．上海：东华大学，2018．

［32］ 权颖楠．电阻式编织绳柔性应变传感器的制备及性能评价［D］．上海：东华大学，2020．

［33］ 王秋妍，谷志旗，徐铭涛，等．不同编织角改性碳纳米管纱线应变传感器的制备与性能［J］．现代纺织技术，2022，30（4）：70-79．

［34］ 陈毓姝，唐虹，NATALIA JONES，等．柔性织物传感器的制备工艺［J］．棉纺织技术，2022，50（S1）：77-80．

［35］ 卢俊宇．柔性加热织物、薄膜的结构设计与热学性能研究［D］．天津：天津工业大学，2017．

［36］ Hakansson E，Kaynak A，Lin T，et al. Characterization of conducting polymer coated synthetic fabrics for heat generation［J］. Synthetic Metals，2004，144（1）：21-28．

［37］ Ilanchezhiyan P，Zakirov A S，Kumar G M，et al. Highly efficient CNT functionalized cotton fabrics for flexible/wearable heating applications ［J］. RSC Advances, 2015, 5 (14)：10697-10702.

［38］ Ali Hamdani S T, Fernando A, Hussain M D, et al. Study of electro-thermal properties of pyrrole polymerised knitted fabrics ［J］. Journal of Industrial Textiles, 2016, 46 (3)：771-786.

［39］ 张阿真. 柔性可穿戴加热织物的制备与热性能研究 ［D］. 天津：天津工业大学, 2019.

［40］ 谢娟. 聚吡咯复合导电织物的制备及电热性能研究 ［D］. 郑州：中原工学院, 2020.

［41］ 杨楠. 用于柔性电子材料的智能导电织物性能研究 ［D］. 上海：东华大学, 2011.

［42］ 梅海霞. 基于压敏硅橡胶的柔性压力传感器及其阵列的研究 ［D］. 长春：吉林大学, 2016.

［43］ Xu F, Li X, Shi Y, et al. Recent developments for flexible pressure sensors：A review ［J］. Micromachines, 2018, 9 (11)：580.

［44］ 李倩文, 周嘉琳, 孙超, 等. 用于柔性织物电极的导电纱线耐久性研究 ［J］. 毛纺科技, 2022, 50 (2)：22-26.

［45］ 李婷. 纱线式聚吡咯应变传感器的制备和电力学迟滞性能研究 ［D］. 上海：东华大学, 2020.

［46］ 杨宁, 魏保良, 田明伟, 等. 基于 CM800 针织物的石墨烯应变传感器性能研究 ［J］. 毛纺科技, 2022, 50 (3)：22-29.

［47］ 孙龙飞. 针织物结构柔性应变传感器的构筑及其拉伸/压缩双向传感性能研究 ［D］. 青岛：青岛大学, 2021.

［48］ 王刚. 一种用于脑卒中患者手功能评定的智能手套的研发 ［D］. 上海：东华大学, 2018.

［49］ Seyedin S, Razal J M, Innis P C, et al. Knitted strain sensor textiles of highly conductive all-polymeric fibers ［J］. ACS Applied Materials & Interfaces, 2015, 7 (38)：21150-21158.

［50］ 韩晓雪, 缪旭红. 氨纶纬编导电针织物纵向电力学性能 ［J］. 纺织学报, 2019, 40 (4)：60-65.

［51］ 郭秋晨, 龙海如. 不同材料导电纱线针织柔性传感器的传感性能 ［J］. 东华大学学报（自然科学版）, 2017, 43 (6)：791-797.

［52］ 张舒, 缪旭红, RAJI Rafiu King, 等. 经编导电针织物的应变—电阻传感性能 ［J］. 纺织学报, 2018, 39 (2)：73-77.

［53］ 张佳慧, 王建萍. 圆形纬编针织物电极导电性能及电阻理论模型构建 ［J］. 纺织学报, 2020, 41 (3)：56-61.

［54］ 王云燕. 智能服装柔性传感器的结构设计与性能研究 ［D］. 杭州：浙江理工大学, 2017.

［55］ 吴荣辉, 马丽芸, 张一帆, 等. 银纳米线涂层的编链结构纱线拉伸应变传感器 ［J］. 纺织学报, 2019, 40 (12)：45-49, 62.

［56］ 谭永松. 织物基石墨烯柔软传感器制备及手足姿态监测 ［D］. 无锡：江南大学, 2021.

［57］ Zhang M, Wang C, Wang H, et al. Carbonized cotton fabric for high - performance wearable strain sensors ［J］. Advanced Functional Materials, 2017, 27 (2)：1604795.

［58］ Lu S, Wang S, Wang G, et al. Wearable graphene film strain sensors encapsulated with nylon fabric for human motion monitoring ［J］. Sensors and Actuators A：Physical, 2019, 295：200-209.

［59］ 陈乘风, 王航, 王冰心, 等. 涤纶/树脂/炭黑复合电容传感器的制备与性能 ［J］. 纺织高校基础科学学报, 2022, 35 (1)：68-73.

［60］ 张艳婷, 张辉, 谢光银. 用于柔性心电电极的织物研究 ［J］. 合成纤维, 2016, 45 (1)：48-53, 55.

［61］ Wang L, Tian M, Zhang Y, et al. Helical core-sheath elastic yarn-based dual strain/humidity sensors with MXene sensing layer ［J］. Journal of Materials Science, 2020, 55 (14)：6187-6194.

［62］ Yin B, Wen Y, Hong T, et al. Highly stretchable, ultrasensitive, and wearable strain sensors based on facilely prepared reduced graphene oxide woven fabrics in an ethanol flame [J]. ACS Applied Materials & Interfaces, 2017, 9 (37): 32054-32064.

[63] Yuan W, Yang J, Yang K, et al. High-performance and multifunctional skinlike strain sensors based on graphene/springlike mesh network [J]. ACS Applied Materials & Interfaces, 2018, 10 (23): 19906-19913.

[64] 宋宪, 彭玉鑫, 王健翔. 柔性应变织物传感器在人体运动检测中的应用 [C] //第十二届全国体育科学大会. 日照, 2022: 35-37.

[65] 刘逸新. 基于纤维集合体结构柔性应变传感器的构筑及其性能研究 [D]. 杭州: 浙江理工大学, 2021.

[66] 王昱. 基于聚吡咯涂层织物的柔性压阻传感器和电加热元件的研究 [D]. 天津: 天津工业大学, 2021.

[67] 李泽钊, 原韵, 韩玮屹, 等. 石墨烯改性尼龙导电织物及其应变传感性能 [J]. 印染助剂, 2020, 37 (5): 27-30.

[68] 徐乐平. 蚕丝织物基柔性应变传感器的制备与研究 [D]. 上海: 东华大学, 2020.

[69] Cheng Y, Wang R, Sun J, et al. A stretchable and highly sensitive graphene-based fiber for sensing tensile strain, bending, and torsion [J]. Advanced Materials, 2015, 27 (45): 7365-7371.

[70] Du D, Tang Z, Ouyang J. Highly washable e-textile prepared by ultrasonic nanosoldering of carbon nanotubes onto polymer fibers [J]. Journal of Materials Chemistry C, 2018, 6 (4): 883-889.

[71] Yang S, Li C, Chen X, et al. Facile fabrication of high-performance pen ink-decorated textile strain sensors for human motion detection [J]. ACS Applied Materials & Interfaces, 2020, 12 (17): 19874-19881.

[72] 陆鋆. 基于石墨烯的柔性非织造材料应变传感器的设计及其传感性能研究 [D]. 杭州: 浙江理工大学, 2021.

[73] 齐琨. 基于纳米纤维纺织品的柔性可穿戴多模式力学传感器的构筑与应用 [D]. 无锡: 江南大学, 2020.

[74] 卢韵静. 柔性纺织结构压力传感器制备及其智能可穿戴技术应用 [D]. 青岛: 青岛大学, 2019.

[75] Zhu B, Niu Z, Wang H, et al. Microstructured graphene arrays for highly sensitive flexible tactile sensors [J]. Small (Weinheim an der Bergstrasse, Germany), 2014, 10 (18): 3625-3631.

[76] Liu Y, Tao L, Wang D. Flexible, highly sensitive pressure sensor with a wide range based on graphene-silk network structure [J]. Applied Physics Letters, 2017, 110 (12): 123508.

[77] Tao L Q, Zhang K N, Tian H, et al. Graphene-paper pressure sensor for detecting human motions [J]. ACS Nano, 2017, 11 (9): 8790-8795.

[78] Lou Z, Chen S, Wang L, et al. An ultra-sensitive and rapid response speed graphene pressure sensors for electronic skin and health monitoring [J]. Nano Energy, 2016, 23: 7-14.

[79] Wang J, Lu C, Zhang K. Textile-based strain sensor for human motion detection [J]. Energy & Environmental Materials, 2020, 3 (1): 80-100.

[80] 吴萌萌. 静电纺取向纳米纤维包芯纱的制备及其压电性能研究 [D]. 天津: 天津工业大学, 2021.

[81] Matsuda T, Nakajima T, Gong J P. Fabrication of tough and stretchable hybrid double-network elastomers using ionic dissociation of polyelectrolyte in nonaqueous media [J]. Chemistry of Materials, 2019, 31 (10): 3766-3776.

[82] Qiu A, Jia Q, Yu H, et al. Highly sensitive and flexible capacitive elastomeric sensors for compressive strain measurements [J]. Materials Today Communications, 2021, 26: 102023.

［83］ Li S, Dong K, Li R, et al. Capacitive pressure sensor inlaid a porous dielectric layer of superelastic polydim-ethylsiloxane in conductive fabrics for detection of human motions ［J］. Sensors and Actuators A：Physical, 2020, 312：112106.

［84］ Hwang J, Kim Y, Yang H, et al. Fabrication of hierarchically porous structured PDMS composites and their application as a flexible capacitive pressure sensor ［J］. Composites Part B：Engineering, 2021, 211：108607.

［85］ Kim Y, Yang H, Oh J H. Simple fabrication of highly sensitive capacitive pressure sensors using a porous die-lectric layer with cone-shaped patterns ［J］. Materials & Design, 2021, 197：109203.

［86］ Peng Y, Yan B, Li Y, et al. Antifreeze and moisturizing high conductivity PEDOT/PVA hydrogels for weara-ble motion sensor ［J］. Journal of Materials Science, 2020, 55（3）：1280-1291.

［87］ 胡爽. 可穿戴电容式织物传感器的设计及性能研究 ［D］. 武汉：武汉纺织大学, 2017.

［88］ Li R, Zhou Q, Bi Y, et al. Research progress of flexible capacitive pressure sensor for sensitivity enhance-ment approaches ［J］. Sensors and Actuators A：Physical, 2021, 321：112425.

［89］ 肖渊, 李红英, 李倩, 等. 棉织物/聚二甲基硅氧烷复合介电层柔性压力传感器制备 ［J］. 纺织学报, 2021, 42（5）：79-83.

［90］ 孙婉, 缪旭红, 王晓雷, 等. 柔性压力电容传感器的研究进展 ［J］. 上海纺织科技, 2019, 47（7）：1-4.

［91］ Chen Y, Zhang L. Structure design and application of all-fiber-based capacitive sensor ［J］. The Journal of The Textile Institute, 2023, 114（4）：645-655.

［92］ 张明艳, 杨振华, 吴子剑, 等. 新型三明治结构柔性应变传感器的研制 ［J］. 复合材料学报, 2020, 37（5）：1024.

［93］ Mengal N, Sahito I A, Arbab A A, et al. Fabrication of a flexible and conductive lyocell fabric decorated with graphene nanosheets as a stable electrode material ［J］. Carbohydr Polym, 2016, 152：19-25.

［94］ Jin C, Jin L N, Guo M X, et al. MnO$_2$ nanotubes assembled on conductive graphene/polyester composite fab-ric as a three-dimensional porous textile electrode for flexible electrochemical capacitors ［J］. J Colloid Inter-face Sci, 2017, 508：426-434.

［95］ Li S, Chen T, Xiao X. Periodically inlaid carbon fiber bundles in the surface of honeycomb woven fabric for fabrication of normal pressure sensor ［J］. Journal of Materials Science, 2020, 55（15）：6551-6565.

［96］ 王飞翔. 经编结构宏弯光纤应变传感织物的设计及应用 ［D］. 天津：天津工业大学, 2017.

［97］ 郭溪. 拉伸状态下光纤经编传感织物结构与光性能研究 ［D］. 天津：天津工业大学, 2018.

［98］ 李乔, 丁辛. 织物开关的研制 ［J］. 东华大学学报（自然科学版）, 2009, 35（2）：161-166.

［99］ 郭倩, 张美玲, 刘双宝, 等. 织物键盘开关 X 型结构的研究 ［J］. 山东纺织科技, 2010, 51（1）：25-28.

［100］ 刘玲玲. 一种柔性触控装置的研制 ［D］. 上海：东华大学, 2011.

［101］ 张美玲, 袁立静, 周莉. 三维织物开关的结构设计及优选 ［J］. 上海纺织科技, 2015, 43（6）：17-19, 61.

［102］ 周莉. 织物结构参数对织物键盘导通压力和寿命的规律研究 ［D］. 天津：天津工业大学, 2016.

［103］ 张茜. 机织物电极的制备、表征及在电阻抗层析成像的应用 ［D］. 上海：东华大学, 2022.

［104］ Mestrovic M A, Helmer R J N, Kyratzis L, et al. Preliminary study of dry knitted fabric electrodes for phys-iological monitoring：the 2007 International Conference on Intelligent Sensors ［C］. IEEE, 2007.

［105］ An X, Stylios G K. A hybrid textile electrode for electrocardiogram（ECG）measurement and motion tracking

［J］. Materials, 2018, 11 (10)：1887.

［106］Ankhili A, Tao X, Cochrane C, et al. Comparative study on conductive knitted fabric electrodes for long-term electrocardiography monitoring：silver-plated and PEDOT：PSS coated fabrics ［J］. Sensors, 2018, 18 (11)：3890.

［107］Xiao X, Pirbhulal S, Dong K, et al. Performance evaluation of plain weave and honeycomb weave electrodes for human ECG monitoring ［J］. Journal of Sensors, 2017, 2017：1-13.

［108］Xiao X, Dong K, Li C, et al. A comfortability and signal quality study of conductive weave electrodes in long-term collection of human electrocardiographs ［J］. Textile Research Journal, 2019, 89 (11)：2098-2112.

［109］Arquilla K, Webb A K, Anderson A P. Woven electrocardiogram (ECG) electrodes for health monitoring in operational environments ［J］. Annu Int Conf IEEE Eng Med Biol Soc, 2020：4498-4501.

［110］Yokus M A, Jur J S. Fabric-based wearable dry electrodes for body surface biopotential recording ［J］. IEEE Trans Biomed Eng, 2016, 63 (2)：423-430.

［111］袁会锦, 张辉, 谢光银. 织物结构对纺织结构电极阻抗性能的影响 ［J］. 纺织学报, 2015, 36 (9)：44-49.

［112］Bhargava P, Liu W, Pope M, et al. Substrate comparison for polypyrrole-graphene based high-performance flexible supercapacitors ［J］. Electrochimica Acta, 2020, 358：136846.

［113］Liu L, Feng Y, Wu W. Recent progress in printed flexible solid-state supercapacitors for portable and wearable energy storage ［J］. Journal of Power Sources, 2019, 410-411：69-77.

［114］蒋利红, 洪虹, 胡吉永, 等. 纤维/纱线排列结构对丝网印刷织物电极电化学性能的影响 ［J］. 东华大学学报（自然科学版）, 2022, 48 (5)：8-15.

［115］Liu L, Weng W, Zhang J, et al. Flexible supercapacitor with a record high areal specific capacitance based on a tuned porous fabric ［J］. Journal of Materials Chemistry (A), 2016, 4 (33)：12981-12986.

［116］Wang W, Li T, Liu K, et al. Effects of three fabric weave textures on the electrochemical and electrical properties of reduced graphene/textile flexible electrodes ［J］. RSC Adv, 2020, 10 (11)：6249-6258.

［117］Xu J, Wang D, Yuan Y, et al. Polypyrrole/reduced graphene oxide coated fabric electrodes for supercapacitor application ［J］. Organic Electronics, 2015, 24：153-159.

［118］Hu L, Pasta M, Mantia F L, et al. Stretchable, porous, and conductive energy textiles ［J］. Nano Lett, 2010, 10 (2)：708-714.

［119］Guo M, Bian S, Shao F, et al. Hydrothermal synthesis and electrochemical performance of MnO_2/graphene/polyester composite electrode materials for flexible supercapacitors ［J］. Electrochimica Acta, 2016, 209：486-497.

［120］Yue B, Wang C, Ding X, et al. Polypyrrole coated nylon lycra fabric as stretchable electrode for supercapacitor applications ［J］. Electrochimica Acta, 2012, 68：18-24.

［121］Zhang H, Qiao Y, Lu Z. Fully printed ultraflexible supercapacitor supported by a single-textile substrate ［J］. ACS Applied Materials & Interfaces, 2016, 8 (47)：32317-32323.

［122］蔡海华. 高性能蚕丝织物电极的制备及其性能研究 ［D］. 重庆：西南大学, 2021.

［123］Bao L, Li X. Towards textile energy storage from cotton T-shirts ［J］. Adv Mater, 2012, 24 (24)：3246-3252.

［124］Xue J, Zhao Y, Cheng H, et al. An all-cotton-derived, arbitrarily foldable, high-rate, electrochemical supercapacitor ［J］. Physical Chemistry Chemical Physics：PCCP, 2013, 15 (21)：8042-8045.

［125］ He S，Chen W. Application of biomass-derived flexible carbon cloth coated with MnO_2 nanosheets in super-capacitors ［J］. Journal of Power Sources，2015，294：150-158.

［126］ 李鑫. 基于蚕丝织物电极材料的研制及其超级电容器的组装 ［D］. 上海：东华大学，2019.

［127］ 易聪，王佳仪，袁伟，等. 基于褶皱结构可拉伸织物电极的制备与应用 ［J］. 材料导报，2022，36（S1）：9-14.